# 열펌이 좋아 열펌에 美친 아저씨

열펌의 원리에서부터 펌 시술 테크닉까지

이근태 지음

말벗

美를 끊임없이 창출하는 미용인들은
대한민국의 한류문화를 이끌어온
아름다운 애국자들입니다!
그대들을 진심으로 응원합니다.

머리말

열펌이 한국에 도입된 지 어언 30여년이란 세월이 흘렀다. 대한민국 미용시장에 열펌이 안 들어왔더라면 과연 이만큼 발전할 수 있었을까 생각해 본다.

한국 미용인들은 세계 최고의 열펌 기술과 풍부한 시술 경험을 갖고 있다.

나는 감히 요즘 전 세계를 주름잡고 있는 한류문화의 근본적인 헤어스타일을 창조한 이들이 우리 미용인들이라고 자신 있게 말할 수 있다. 물론 그런 확답을 내린다면 다른 분야의 전문가들이 질투 어린 시선을 보낼지 모르지만, 적어도 대다수의 사람들은 이를 수긍할 것이다.

왜냐하면 모든 인간의 외적인 아름다움은 머리카락에서부터 시작되기 때문이다.

그러나 어느 순간부터 우리 고객들의 모발이 얇아지고 밝아진 것을 알아챌 수 있다.

왜 그럴까? 염색제와 열 등으로 인한 고객의 모발 손상이 심해져 버린 탓이다.

우리는 열펌의 장점을 너무나 잘 안다.

장점만 생각하고 열심히 전진하다 보니 '손상'이라는 문제점이 발생한 것이다.

이제 한숨을 돌리고 주변 환경을 돌아봐야 할 때이다.

이런 풍부한 경험을 통해 열펌을 반드시 상품으로 만들어야 한다.

파마약과 염색약이 어느 경로를 타고 모발 속에 침투하는지, 어느 부분에 어떻게 영향을 미치는지 가장 기본적인 것부터 먼저 생각해야 한다.

이런 부분을 명확히 이해하고 넘어가야 좀 더 발전할 수 있다. 물론 어려운 분야이지만 같이 한번 가보자는 의미가 바로 이 책을 집필한 동기이다.

열펌의 역사는 고대 이집트에서 시작됐다는 설이 있다.

열펌 이론을 처음 고안한 사람은 프랑스 마셀 그라또우로 1875년 발표했다.

이때부터 적당한 열이 모발에 좋은 역할을 한다는 사실을 터득한 셈이다.

우리나라에 열펌 기술이 도입된 시기는 1980년대 초반이다.

마샬이란 고데기로 시술한 고데(こて, 鏝)는 훨씬 전부터 시작됐지만, 본격적인 열펌의 대중화는 '르네상스'란 매직기가 국내에 도입되면서 선풍적인 인기와 함께 품귀 현상까지 일어날 정도였다.

그때 처음 '매직'이란 이름으로 곱슬 교정 매뉴얼이 생기면서 비로소 열펌의 대중화가 시작됐다. 기억해 보면 그 당시의 매직기 가격은 45만원으로 예약해야 구입할 수 있었다.

이렇게 우리는 수년 동안 열심히 달려왔다.

그동안 한국인의 모발은 물론 멜라닌 색소의 변화도 뚜렷이 바뀌었다.

고객 입장에서 열펌의 장점은 무엇보다 손질이 편한 점이다.

모발에 탄력이 있어 샴푸로 머리를 감은 후 툭툭 털어도 원하는 스타일이 완성된다.

연화 후 가열 처리를 할 때 수소결합이 강하게 이뤄져 시술 전보다 탄력이 좋아진다.

미용시장에 매직기가 도입된 후 여인들의 모발에서 빛이 났다.

전지현의 머릿결로 대변되는 찰랑거리는 질감과 윤기가 매력적이다.

특히 매직과 세팅펌은 유지 기간이 6개월로 무척 길어졌다.

아이론펌은 두피 안쪽부터 와인딩을 하므로 모류 방향과 두상 골격의 보완이 가능하다.

또한 매직은 곱슬머리를 직모로 변화시켜 주는 데다 단일 시술 가격 중 최고가로 미용인들이 수익성에서 좋아한다.

하지만 파마 유지 기간이 긴 점은 미용인들에게 단점이 될 수도 있다.

그러니 열펌의 가장 큰 단점은 모발 손상이다.

고열과 일반 펌제보다 많은 환원제 양과 고 알칼리로 심각한 손상이 따른다.

열펌 시술 후 모발이 건조해지고, 시술 시간이 지나치게 긴 것도 고객에게는 단점이다.

한국의 초창기 열펌 시장은 열악한 환경이었다.

그를 증명하는 것이, 오래 전부터 연탄집게처럼 연탄이나 가스불에 달궈 쓰는 고데기를 사용해 왔다.

하지만 본격적인 열펌의 대중화는 세팅펌과 '르네상스'라는 매직기가 국내에 도입되면서 비롯됐다.

이렇게 30여년 많은 일들이 있었다. 열펌 기술도 눈부신 발전을 해왔다.

전에 없던 미용학과 대학교도 많이 생겨 매년 모발학 석·박사들이 배출됨으로써 한국경제의 일부를 담당하는 구성원으로 자리 잡았다.

그동안 한국인의 모발은 자의든 타의든 참으로 많은 변화가 진행됐다.

전반적으로 모발이 가늘어지고 빛이 나는 데다 새치 발생 연령도 낮아지는 추세이다.

또한 열펌 매뉴얼도 볼륨 매직, 아이론펌, 세팅펌, 디지털펌, 직 펌 등 다양해졌다.

한국의 미용인들은 세계 최고의 기능인이다.

실제로 세계기능대회에서 우리 한국의 미용사 대표들이 우승을 많이 차지했다. 이제 한 걸음 멈추고 지난날을 회상하며 열펌의 기본을 정리할 때이다.

열펌 시술 과정을 가만히 살펴보면 생쌀로 밥을 만드는 과정과 동일하다.

알맞게 불린 쌀과 적당한 크기의 솥, 부족하거나 과하지 않은 수분과 함께 최적의 뜸들이기를 거쳐야 맛있는 밥이 완성된다.

맛있는 밥을 짓는 가장 중요한 포인트는 뜸이다.

수분의 역할과 솥의 크기, 열 등도 중요하지만 무엇보다 뜸 과정이 제일 긴요하다.

뜸들이기는 충분한 수분과 열로 인해 쌀이 팽윤되어 끈기가 생기며 여유 수분을 증발시켜 탄력을 갖게 한다.

잘 지어진 밥은 윤기가 잘잘 흐른다. 밥알에 필요한 수분이 부족하면 고두밥이 되고, 더 적으면 누룽지로 변한다.

열펌은 저온에서 최대한 많은 열량을 발생시키고, 그 열로 모발에 남겨진 수분을 증발시켜 형태를 고정하는 역할을 한다.

저온으로 많은 열량을 모발에 전달하는 것이 모발 손상과 열변성 돌연변이 결합을 예방하는 방법이다.


고속도로 휴게소에 가면 젖은 오징어와 계란 굽는 것을 목격한다.

계란을 삶으면 흰자위부터 익는 반면 구울 때는 노른자위가 먼저 익는다.

그러나 계란을 불에 올려놓으면 익지 못하고 터져 버린다.

그런데 불 위에 맥반석을 깔아 놓고 계란을 올려놓으면 신기하게 노른자위부터 익어 간다.

이는 맥반석에서 발생된 원적외선이 계란의 노른자위부터 열을 전달시킨 탓이다.

히터에서 발생된 열이 맥반석을 데우고, 맥반석에서 발생된 원적외선이 열의 긴 파장을 계란 노른자 안쪽에 먼저 전달하여 익힌 것이다.

젖은 오징어가 맥반석 위에서 잘 구워지는 이유도 같은 원리이다.

일반 펌과 디지털·세팅펌의 차이는 컬의 지속력에 있다.

일반 펌은 두 달 지나면 컬이 많이 풀어져 좀 지저분한 느낌이 든다. 그 반면 열펌은 서너 달 이상의 지속력이 있고, 풀어지더라도 샴푸 후 머리를 밀리민서 방향성을 주면 컬이 다시 살아난다.

요컨대 고객 입장에서 볼 때 열펌의 장점은 손질이 무척 편하다는 점이다.

모발에 탄력을 주는 헤어스타일링 시간이 짧고, 풍성한 모발의 연출은 물론 두피 쪽의 볼륨 형성이 가능하다.

찰랑이는 질감과 큐티클 정리로 인한 윤기가 최고이다.

일부 모류 교정이 가능하고 두상 골격의 보완이 가능한 것도 장점이다.

또한 열펌은 곱슬 머리카락을 직모로 교정할 수 있다.

요즘 유행하는 물결 펌, 베이비 펌, 다운 펌, 포마드 펌 등 다양한 연출이 가능하다.


미용실의 환경을 살펴보면 고객은 당연하게 방문하는 것이라고 생각한다.

장기적인 불황이 계속되고 있다. 고객은 미용실에 올 때 확실한 목적을 가지고 방문한다.

즉흥적이 아닌 계획된 것이다.

어느 분야이든 첫 느낌과 첫 인상은 매우 중요하다.

고객 상담의 첫째 조건은 손님의 요구 사항을 확실히 이해하고, 처음부터 불편한 마음을 주지 않도록 노력해야 한다.

우선 날씨, 건강, 화장 등 가벼운 이야기부터 부드럽게 시작해 고객을 편하게 배려해야 한다.

"어떤 펌을 하실까요? 클리닉을 추가하시게요?"라는 질문보다 펌을 하려는 명확한 이유를 먼저 듣는 것이 중요하다.

손질이 안 되어, 부스스해 보여, 예뻐 보이지 않아, 곱슬이 너무 심해, 어려 보이고 싶어, 얼굴이 커 보여, 스트레스를 확 풀려고, 확실한 변화를 주기 위한 것 등 펌 시술의 목적을 파악한 다음 구체적인 해결 방법을 상담한다.

또 고객은 다양한 스타일링을 개성적으로 요구하고 있다.

그 후 고객에 적합한 펌제와 기구의 선택 등 시술 과정, 원하는 스타일, 분명한 시술 금액까지 상담을 마쳐야 한다. 고객의 입장에서 한 번 더 생각하며 꼼꼼한 상담을 마친 후 시술에 임한다.

시술 클레임의 시작은 상담 미숙과 고객의 불편에서 비롯된다.

단 한 번의 실수는 고객의 가족과 주변 친구까지 잃을 수 있다.

고객의 불편을 해결하는 것이 미용사의 역할이다.

열펌 시술 전에 먼저 모발을 진단하는 목적은 고객의 모발에 적합한 펌제 선택과 변형된 모발에 숨겨진 돌연변이 결합을 찾는 데 있다.

한국인의 모발은 예전에 비해 많이 약해진 데다 새치 발모 연령도 어려지고 각종 가열기구에 의한 열변성 결합, 펌과 염색 후 잔여 물질에 의한 모발 돌연변이 현상이 일반적이다.

마른 모발 상태에서는 정확한 진단이 어렵다.

그래서 펌제를 도포하기 전에 펌제의 정확한 침투 경로를 확보해야 한다.

그러려면 미온수와 세정력이 강한 알칼리성 샴푸를 사용해 모발 표면의 숨은 의미를 찾아야 한다.

또한 고객의 파마와 컬러 상태, 두상 골격, 모류 방향, 잔머리 상태 등도 정밀 진단한다.

말이 없는 펌제도 미용사의 감정을 전달한다.

좋은 마음으로 펌제를 도포하고, 정성을 담아 재도포하고, 미용사의 체온을 고객의 모발에 전해 연화를 촉진한다.

블랙 헤나와 염색방의 염색 자체가 모발에 유해한 것은 아니다.

문제는 너무 많은 양을 도포하고, 도포 후 방치 시간이 길어진다는 데 있다.

또한 염색 후 깨끗이 세척하지 않아 화학물질이 모발에 잔류함으로써 모발에 필요한 각종 아미노산 파괴, CMC 유출, pH 상승, 케라틴 밸런스 교란 등 극손상 모발 요건을 파생하기 때문이다.

더 큰 문제는 예전의 산성 코팅처럼 모발 전체를 코팅해 모발 내부의 유해물질이 정화되지 못하고, 색상이 퇴색되며, 실리콘 코팅 물질이 노출돼 갈라지고 탈락되면서 큐티클이 매우 거칠어지는 부작용이다.

결국 겉으로 보이지 않는 손상이 모발 내부에서 진행돼 다음 시술 때 큰 난제로 작용하는 것이 가장 큰 문제점이다.

이런 모발 상태를 모르고 그대로 열펌과 일반펌 시술을 하면 펌의 형성이 안 되며, 펌 시술 후 모발의 균형이 무너져 극손상에 이른다.

그럴 경우 모든 모발 손상의 원인과 배상책임은 미용실에 전가된다.

그래서 시술 전에 모발 상태를 미리 파악하고 대처해야 한다.

특히 검정색으로 코팅된 모발이 통통하고 탄력적인 듯해 열펌 1제를 다량 도포하고 방치 시간을 늘리면 모발은 급속도로 무너진다.

이는 모발 내부에 잔류하는 알칼리와 과산화수소에 펌 1제가 혼합돼 열이 발생하면서 모발이 녹아내리기 때문이다.

무조건 블랙 헤나와 염색방 염색이 나쁘다고 이야기하지 말고 문제점이 무엇인지 차분하게 설명해야 한다.

이런 경험자가 방문하면 반드시 모발 상태를 진단하고, 적합한 펌제를 모발 20가닥에 도포해 5분 지난 후 펌의 가능 여부를 테스트한 다음 시술해야 한다.

펌과 염색 1제보다 더 무서운 물질이 과산화수소와 브롬산 2제이다.

열을 발생시키는 이 물질들이 모발에 잔류하면 활성산소로 변해 모발을 심각하게 건조시킨다.

열펌이 미용시장에 분명히 효자 노릇을 했지만 과열처리에 의한 탄 모발도 많이 발생했다.

적당한 열은 우리 모발에 탄력을 주지만 과열은 심각한 손상을 초래한다.

모발 내 알칼리와 과산화수소에 의한 열 발생 원인인 활성산소를 제거하는 데 각별히 주의해야 한다.

엄마들이 어린이 머리를 파마해 주고 다음 날 머리를 감기고 말리는 순간 "울 애기 파마한 게 다 어디로 갔냐"며 황당해 한다.

이는 어린이의 모발이 가늘어 모수질이 적은 데서 비롯된 것이다.

어린이의 펌을 할 때 웨이브가 잘 걸리지 않는 이유도 바로 그 때문이다.

하지만 모수질의 기능과 작용 등 모발의 신비는 아직 밝혀진 것보다 더 연구해야 할 부분이 많다. 조물주가 창조한 머리카락은 알면 알수록 미궁에 빠져드는 어려운 학문의 구타 유발자이다. 과연 부족한 모수질의 수수께끼가 풀리면 어린이 모발도 웨이브를 제대로 살린 완벽한 펌을 할 수 있을까?

그렇다. 열펌의 비밀은 아지도 다 풀리지 않았다

나는 이와 같은 장단점을 지닌 열펌의 경험과 기술을 상품화시키고, 좀 더 빌진시키기 위해 힌 걸음 멈춰 뒤돌아보면서 기본을 정리하자는 뜻에서 이 책을 준비했다.

끝으로 열펌 이론을 정리하기 전에 독자 제현들에게 말씀드린다.

이 책에서 다룬 모든 내용은 개인적인 소견으로 실제 학문과 다를 수 있으며, 현재 우리나라의 살롱에서 활용되는 내용이다.

열펌의 정석은 각자 개인에 따라 다를 수 있다는 점도 아울러 밝힌다.

본서를 내는 데 흔쾌히 허락해 준 말벗출판사 박영이 대표와 많은 조언과 힘을 북돋워 준 박관식 작가에게 감사의 마음을 전한다.

2016년 7월 이근태

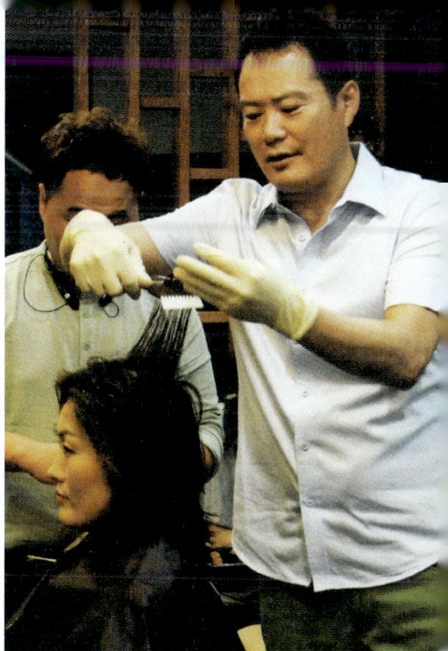

열 열
펌 펌
에 이

美 좋
친 아

아
저
씨

# 제3장  한국인의 모발 이야기



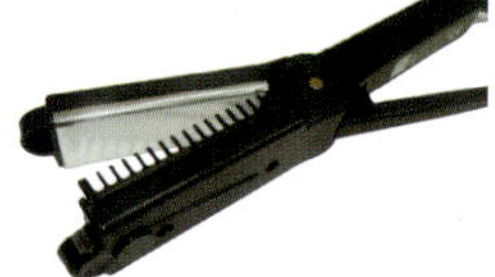

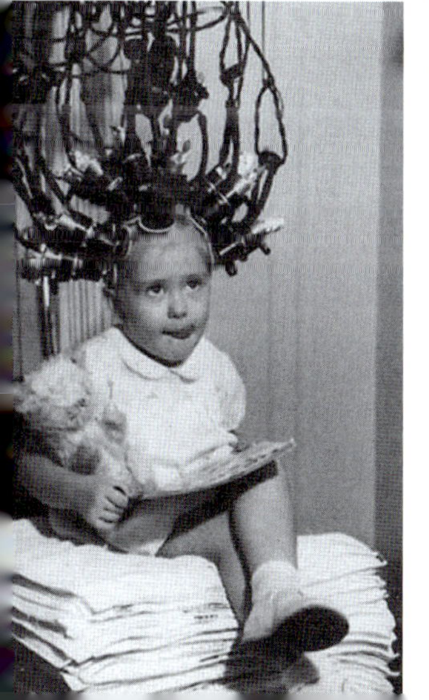

014
015

열 열
펌 펌
이 에
좋 美
아 친
열 아
펌 저
씨

제1장

# 한 끗을
# 살리는
# 열펌

# 열펌이란
# 무엇인가?

'르네상스' 매직기

열펌 이론을 정리하기 전에 열펌의 정석은 각자 개인에 따라 다를 수 있다는 점을 알아야 한다. 여기서 정리하는 모든 내용은 실제 학문과 다를 수 있지만 현재 미용실에서 활용되는 내용이다.

한국 열펌 시장은 1980년 중반부터 시작된 것으로 알려져 있다.

물론 마샬 아이론이란 고데기는 전부터 고데용으로 사용돼 왔다.

하지만 제대로 된 열펌의 시작은 세팅펌의 도입과 '르네상스'라는 매직기가 국내에 반입되면서 본격적인 열펌의 대중화가 진행됐다.

이렇게 30여년간 많은 일들이 있었다. 열펌의 기술도 눈부신 발전을 해왔고 전에 없던 미용학과 대학교가 많이 개설됐다. 매년 모발학 박사들이 배출되고 한국경제에 일부를 담당하는 구성원으로 자리 잡고 있다.

그동안 한국인의 모발은 참으로 많은 변화가 찾아왔다. 전반적으로 모발이 가늘어지고 빛이 나면서, 새치 발생 연령도 낮아지고 있는 추세이다.

또한 열펌 매뉴얼도 볼륨 매직, 아이론펌, 세팅펌, 디지털펌, 직 펌 등 다양해졌다. 한국 미용인들은 세계 최고의 열펌 시술 경험과 기술을 보유하고 있다.

실제로 세계기능대회에서 우리 한국의 미용사 대표들이 우승을 많이 차지했다. 이제 한걸음 멈추고 지난날을 회상하며 열펌의 기본을 정리할 때이다.

# 열펌의
# 장점과 단점

고개 입장에서 볼 때 열펌의 장점은 손질이 무척 편하다는 점이다.

모발에 탄력을 주는 헤어스타일링 시간이 짧고, 풍성한 모발의 연출은 물론 두피 쪽의 볼륨 형성이 가능하다.

찰랑이는 질감과 큐티클 정리로 인한 윤기가 최고이다.

일부 모류 교정이 가능하고 두상골격 보완이 가능한 장점이 있다.

또한 펌 유지 기간이 긴 것도 장점이다.

열펌은 곱슬 머리카락을 직모로 교정할 수 있다. 요즘 유행하는 물결 펌, 베이비 펌, 다운 펌, 포마드 펌 등 다양한 연출이 가능한 좋은 펌이다.

그 반면 모발에 손상을 준다는 것이 첫 번째 단점이다.

또한 시술 시간이 긴 점도 마찬가지다.

모발이 건조해지고, 모발에 열변성 돌연변이가 생성될 수도 있다.

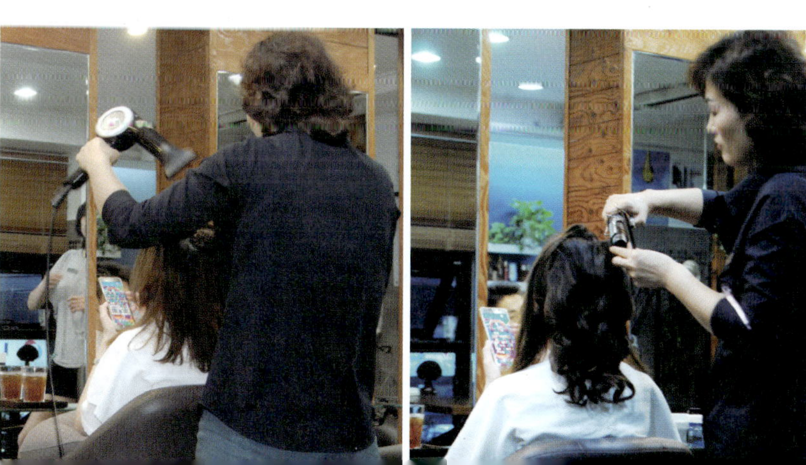

# 열펌 시술
# 손상 원인

### 고객과의 상담 실수

미용실 환경을 살펴보면 고객은 당연하게 방문하는 것이라고 생각한다. 장기적인 불황이 계속되고 있다. 고객은 펌을 하려는 명확한 목적을 가지고 미용실을 방문한다.

먼저 고객이 왜 펌을 하려는지 무엇이 불편해서 헤어스타일을 바꾸려는지 정확한 상담이 이뤄져야 한다.

미용사 입장보다 고객이 헤어살롱을 방문한 이유, 펌을 하려는 이유를 정확하게 판단한 후 시술해야 한다.

그 이후 고객의 모발에 적합한 펌제와 펌의 종류, 원하는 스타일 등 세심한 상담을 마쳐야 한다.



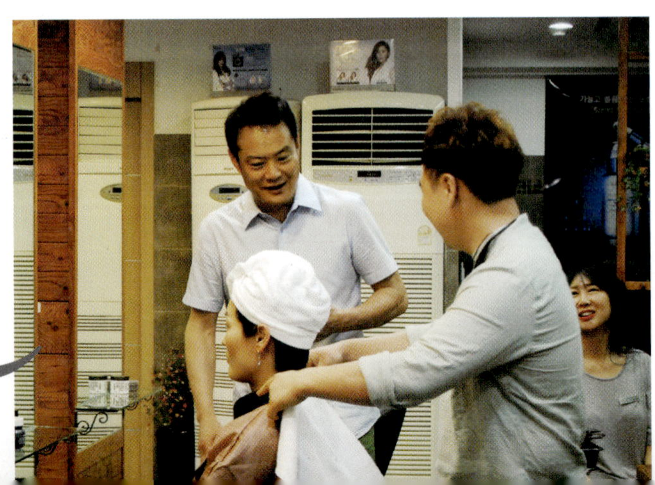

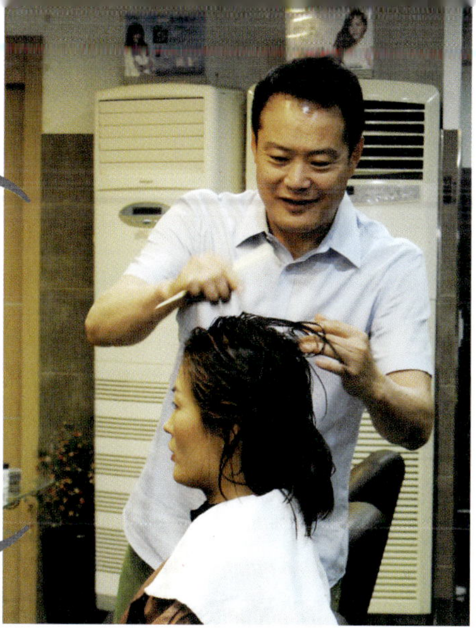

모발 성질 어떤지
머리카락 상태를 점검한다.

## 모발 진단

한국인의 모발에 많은 변화가 찾아왔다.

또 고객은 다양한 스타일링을 개성적으로 요구하고 있다.

고객의 모발에 적합한 펌제 선택을 위해 정확한 모발 진단이 이뤄져야 한다.

시술 전 반드시 알칼리 샴푸를 진행하면서 고객 모발의 펌머 흔적과 컬러 상태, 두상 골격, 모류 방향, 잔머리 상태 등을 정밀하게 진단해야 한다.

- **펌 상태** 먼저 매직이나 세팅펌 시술 경험이 있는지 확인해야 한다. 대개 모발 끝부분의 열변성 확률이 높다.

  환원제에 의한 돌연변이 경화가 진행됐는지 확인이 필요하다. 평상시 펌이 잘 나왔는지, 컬 형성이 잘 안됐는지도 파악해야 한다.

- **컬러 상태** 가루 염색에 의한 새치 커버 염색 시술 경험 여부와 함께 오징어 먹물, 검정 헤나, 염색방 염색 시술 경험이 있는지 관찰할 필요가 있다.

  보통 새치 커버 염색이 공통적이며, 홈 컬러 시술을 해본 적이 있는지도 확인해야 한다.

  염색 촉매제의 철(Fe) 금속성 커플러가 모발에 잔류함으로써 끼치는 모발 자체의 악영향보다 펌 1제 환원제가 모발에 침투하여 S-S결합 절단을 저해하는 경우가 많다.

모발에 환원제가 침투하여 환원되기 전 금속성 커플러와 환원제가 산화되는 것이 문제이다.

모발에 잔류하는 철 성분과 도포된 펌제가 산화되어 모발에 도포된 펌제의 색상이 핑크색이나 연보라색으로 바뀌는 것이다.

모발에 잔류하는 염색 커플러 철 성분 제거 전용 샴푸나 pH가 낮은 치오 성분에 펌제를 활용하여 철 성분을 제거한 후 모발에 적합한 펌제를 재도포하여 펌 시술을 진행해야 한다.

- **두상 골격 확인**　한국인의 두상 골격은 전반적인 특징이 있다. 대개 네모 형태이며 옆통수가 나와 있고, 정수리가 넓으며 양쪽 라인이 수직에 가깝다.

  뒤통수가 넓고 직각으로 떨어진 두상이 많다. 계란형 머리가 예쁜 두상이다.

  한국인의 두상은 대체적으로 못생긴 편이다.

  모발이 달라붙어 펌을 하려는 두상을 가만히 살펴보면 모류 방향보다 두상 골격 자체가 문제인 경우가 많다.

  그래서 두상 골격을 보완할 수 있는 펌이 열펌이다.

- **모류 방향 확인**　전 세계 70억 명의 인구 중 모류 방향과 가마 위

치, 제비초리 등이 똑같은 사람은 단 한 명도 없다.

모류 방향을 유지한 펌제 도포가 이뤄져야 하고, 볼륨 업이나 다운은 모류 방향의 확인에서부터 시작된다.

제비초리, 가마, 카우릭 등은 모두 모류 방향이 복잡하게 이루어진 부분이다. 열펌은 모류 방향을 확인하여 보완이 가능하다.

- **잔머리 확인** 　　　　　모발 전체 양의 약 10% 정도는 신생모, 즉 잔 머리카락이다. 열펌 시술시 펌제 도포 전 잔 머리카락은 반드시 보호하고 면역 요법을 활용한 연화를 진행해야 한다.

잔 머리카락을 보호해야 건강한 모발이 유지된다.


## 온도

열펌 시술시 손상 원인을 질문하면 제일 먼저 온도(열)라고 답한다.

하지만 재차 질문하여 열펌에서 열이 하는 역할을 물으면 정확하게 대답을 하지 못한다.

막연히 온도가 높아야 펌이 잘 나올 것 같은 고정 관념이 가장 큰 문제이다.

열펌 기기 중 신제품 기구일수록 최고 설정온도가 낮아지고 있다.

적당한 열은 모발 건강에 도움되지만 모발이 견디지 못하는 온도는 모발 손상의 첫 번째 원인이 되기도 한다.

열펌에서 열의 역할을 이해해야 한다.

연화 후 모발 전체 양의 10% 정도 수분을 남겨두고 와인딩하여 가열해 더해진 수분을 긴강한 모발이 본래 지녀야 할 수분을 남겨두고 증발시키는 역할을 한다.

더해진 수분이 증발하면서 모발에 수소결합이 더 강하게 결합을 이루는 것이다.

모발에 남겨진 수분의 증발에 필요한 것이 열펌에서 열의 역할이다.

더해진 수분이 가열된 열에 의해 증발함으로써 모발에 더 강한 수소 재결합을 이루는 셈이다.

모발이 견디지 못할 만큼 높은 온도는 모발 손상의 첫 번째 원인이다.

열기구가 모발에 반복적으로 접촉되면 모발의 수분이 증발하여 컬의 늘어짐과 반복 시술에 의한 손상 원인이 된다.

같은 온도에서도 모발에 남겨진 수분 양에 따라 모발이 흡수하는 열량이 다르고, 와인딩할 때 롯드의 밀착 정도에 따라서도 모발이 흡수하는 열량의 차이가 크게 나타난다.

손상이 많은 모발의 끝부분에 적당한 열량이 분배되도록 수분 양의 조절과 알맞은 밀착(압력) 조절이 중요하다.

열에 의한 손상 원인은 과열, 무리한 반복 와인딩, 압력 조절 실패 등이다. 열펌에서 가장 중요한 것은 먼저 열의 역할을 이해하는 일이다.


## 과 연 화

열펌 시술시 손상 원인의 가장 큰 원인은 과연화일 것이다.

시술받고 있는 고객 모발에 적합한 펌제를 도포해야 하지만 오히려 기구와 펌제에 고객을 맞추는 경우가 있다.

같은 모발이더라도 펌을 하는 목적이 컬인지, 곱슬 교정인지, 결 개선인지에 따라 연화가 달라져야 한다.

그러나 보유한 펌제를 지나치게 신뢰하고 필요 이상으로 많은 펌제를 도포하는 경우가 많다.

같은 양의 펌제를 도포할 때도 한 번에 도포하지 말고 나눠 도포해야 한다.

그러나 바쁘다는 이유로 펌제를 한번에 도포하고 열처리까지 하는 경향이 많다.

과연화란 단어는 사전에도 나오지 않는 내용이다.

과연화란 모발에 적합하지 못한 펌제를 과하게 도포하는 것으로 모발 손상의 원인이다.

연화에 대한 정확한 개념과 적합한 연화가 어떤 상태인지 정리할 때이다.


## 수 분  조 절

열펌 기구는 신제품일수록 최고 온도는 낮아지고 와인딩할 때 수분 양이 많아지는 것을 확인할 수 있다.

같은 온도에서 모발에 잔류하는 수분 양에 따라 모발이 흡수하는 열량의 차이는 매우 크게 나타난다.

열펌에서 모발의 탄력은 수분이 증발하는 양에 따라 결정되지만 와인딩의 구조상 가장 손상된 부분이 제일 강한 열을 흡수하는 구조이다.

모발에 잔류하는 수분 양에 따라 열량 조절 또한 가능하다.

손상부의 수분은 적게 두고 건강부의 수분은 상대적으로 많아야 한다.

모발이 흡수하는 열량 조절이 가능한 물질이 수분이다.

와인딩할 때 수분 양에 따라 컬의 탄력과 질감이 형성되지만, 가열 처리 후 모발에는 반드시 건강한 모발이 간직해야 할 모발 전체 양의 수분 10~15%는 반드시 남아 있어야 한다.

그 수분마저 증발시켰던 매직이나 세팅펌은 모발을 가장 건조하게 함으로써 모발 손상 원인이 되었다.

결국 와인딩하기 전의 수분 양과 가열 처리 후의 수분 양 조질이 열펌 수분 조절 방법의 핵심이다.


## 중 화 ( 산 화 )

모든 펌에서 마무리 고정 역할의 중요한 부분이 중화제이다.

하지만 미용 현장에서 중화제 자체가 모발 손상의 원인이라는 것과 열펌 시술을 하는 데 손상 원인이란 공감대는 아주 적다.

중화제는 줄줄 흘러내려야 하고, 충분히 도포하지 않으면 중화가 안 될 듯한 불안감으로 모발이 흠뻑 젖을 만큼 도포한다.

크림 중화와 물 중화의 차이점, 과산화수소와 브롬산의 차이점을 완전히 숙지하지 못한 채 시간이 빠른 과산화수소를 선택하는 경우가 많다.

모발 중화 상태에 따라 올바른 중화제의 선택과 모발이 흡수하는 적량의 도포가 중요하다.

중화할 때 머리카락이 손상하는 원인은 여러 가지 경우의 수가 있다.

우선 올바른 중화제를 선택하고, 크림 중화와 물 중화의 차이점을 알아야 한다.

또한 중화제 양은 어느 정도 도포해야 하는지, 중화 후 세척할 때 어떻게 헹궈야 하는지, 중화제가 두피에 도포되면 어떤 영향을 끼치는지, 중화 도포 후 모발에 수분이 왜 생기는지, 중화 시간은 어느 정도 방치해야 하는지, 재도포는 필요한 것인지, 과산화수소 도포 때 열이 왜 나는지 등을 숙지하고 이런 기본들을 중시해야 한다.

중화제를 과산화수소와 브롬산을 혼합하여 사용하는 예가 있는데 절대로 섞지 말아야 한다. 이는 모발 손상의 큰 원인이 될 수 있다.

● **너무 많은 양을 도포하는 것**

1제가 도포된 부분에 반드시 2제가 도포되는 것이 맞지만, 모발에서 중화제가 흘러내리는 것은 과다한 도포로 모발 손상의 원인이 된다.

특히 중화 받침대에 흘러내려 고인 부분에 모발 끝부분이 잠겨 있는 것은 모발 손상의 가장 큰 원인이다.

손상 모발에 크림 중화제를 도포할 때 부드러웠던 이유는 적당량이 도포됐기 때문이다.

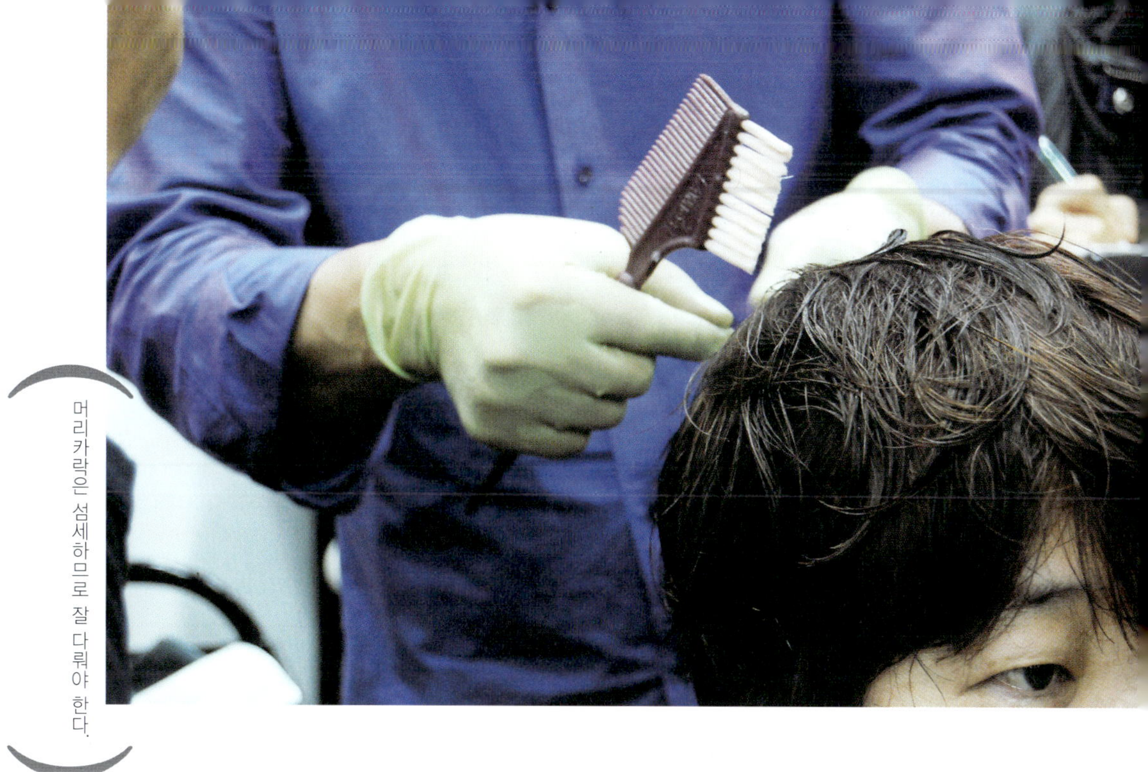


- **과산화수소와 브롬산을 혼합 사용하는 것**

  이는 극손상의 원인이 된다.

  1차 중화는 브롬산, 2차 중화는 과산화수소를 도포하는 것 역시 모발

  손상의 큰 원인이다.


- **중화 후 열처리**

  중화는 산소를 발생시키는 작업이다.

  산소는 차가운 곳에서 많은 양이 발생한다.

  열처리나 수건으로 둘러싸면 산소의 발생량이 줄이든다. 중화제는 발

  열 물질이므로 열처리는 두피와 모발을 건조하게 만드는 원인이 된다.


- **중화 후 깨끗한 세척**

  중화제 잔류 물질이 모발에 남아 있으면 열을 발생시켜 모발이 얇아

  지고 건조해지는 원인이 된다.

- **중화 방치 시간**

  중화 방치 시간은 철저하게 준수해야 한다.

  발생된 열에 의한 탈색 등 모발을 손상시킨다.


- **과산화수소 중화 도포 때 열이 발생하는 원인**

  펌 1제 주요 성분인 알칼리가 모발에 잔류하여 과산화수소와 결합하면 열이 발생한다. 이것이 모발의 활성산소이다.

  그래서 중화 전 펌 1제를 깨끗하게 헹궈야 한다.


- **중화제 선택**

  중화시 모발에 알칼리가 많이 잔류하면 과산화수소, 중화시 모발에 알칼리가 적게 잔류하면 브롬산이 효과적이다.

  중화 후 2차 중화시 먼저 도포된 중화제가 산화되어 물이 생성되므로 먼저 도포된 중화제는 깨끗하게 닦아내고 재도포하는 것이 바람직하다.


## 홈 케 어

열펌 시술 후 모발은 급격하게 얇아지고 건조해진다.

그 이유는 모발에 펌 1제 알칼리와 환원되지 못한 환원제, 펌 2제 과산화수소와 브롬산이 잔류하며 계속 활동하기 때문이다.

모발에 활성산소가 되어 열을 발생시키고, 알칼리가 각종 아미노산을 용해시켜 모발이 얇아지고 건조해지는 것이다.

열펌 후 반드시 모발에 수분 밸런스 10~15%, pH 밸런스 4.5~5.5, 케라틴 밸런스를 7일 이내에 맞춰 줘야 건강한 모발이 지속된다.

CMC(Cell Memberance Complex)는 모발의 세포막 복합체이다.

모발 내의 여러 세포층을 시멘트처럼 접착시켜 주는 역할을 한다.

이런 CMC가 부족하면 모발이 부스러지고 손상되었다고 볼 수 있다.

열펌 시술 후 예쁜 모발을 유지하려면 다음 사항을 준수해야 한다.

- 잔류 알칼리를 반드시 제거한다. 이는 모발이 얇아지는 가장 큰 원인이다.

- 큐티클과 큐티클 모피질, 모수질 사이를 관통하는 CMC를 반드시 보급한다.

- 린스보다 수분과 CMC 보급이 가능한 LPP 타입의 트리트먼트 사용을 권장한다.

- 과산화수소나 브롬산이 모발에 잔류하면 펌 1제 잔류 물질 알칼리와 결합하여 열이 발생되어 건조한 모발의 원인이 된다. 펌 2제 역시 시술 후 깨끗하게 세척한다.

- 모든 시술 후 스타일링할 때 모발에 잔류하는 수분은 반드시 제거한 후 스타일링한다. 잔류하는 수분에 의해 1제 알칼리와 2제가 계속 활동한다.

- 열펌 시술 후 내일부터 냉장 샴푸하여 잔류 알칼리와 과산화수소를 홈케어 시술로 제거한다.

- 7일 이내에 잔류하는 화학 물질을 최대한 제거한 다.

이것이 홈케어 샴푸와 트리트먼트 CMC 등을 권장하는 이유이다. 시술 후 제거할 물질, 채워야 할 물질, 유지 방법 등을 상세히 설명해야 한다.

고전미용기구를 이용한 퍼머 모습과 현대의 퍼머 모습

열펌이 좋아
열펌에 美친 아저씨

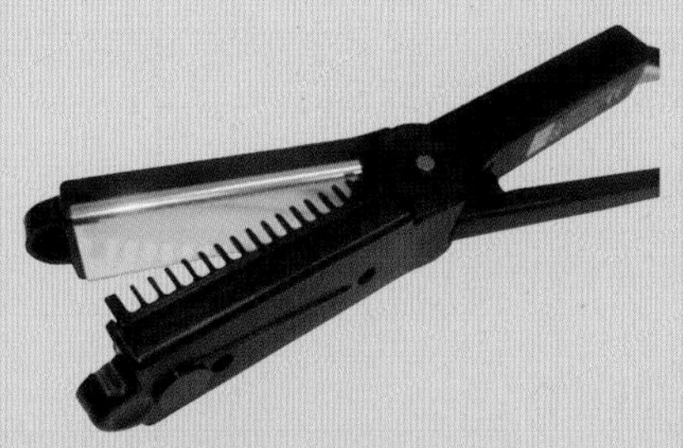

제2장

# 유쾌한 열펌 사전 & 시술 방법

# 고객 상담 요령

고객은 미용실에 확실한 목적을 가지고 방문한다.

즉흥적인 방문보다 계획된 방문을 하게 마련이다.

어느 분야이든 첫 느낌과 첫인상은 매우 중요하다.

고객 상담의 첫 번째는 고객의 요구 사항을 확실하게 이해하고, 시작부터 불편한 마음을 갖지 않도록 노력해야 한다.

"어떤 펌을 하실까요?"

"클리닉을 추가하시게요?"

이런 질문보다 왜 펌을 하려는지 명확한 요구 사항을 듣는 것이 중요하다.

우선 부드럽게 날씨, 건강, 화장 등 가벼운 이야기부터 시작해 고객이 불편함을 갖지 않도록 배려해야 한다.

곧이어 명확한 펌 시술의 목적을 상담해야 한다. 손질이 안 되어, 부스스해 보여, 예뻐 보이지 않아, 곱슬이 너무 심해, 어려 보이고 싶어, 얼굴이 커 보여, 스트레스 확 풀려고, 확실한 변화를 주기 위한 것 등 펌 시술의 목적을 파악하고 구체적인 해결 방법을 상담한다.

그 후 펌제와 기구의 선택 등 시술 과정까지 상담해야 한다.

또한 분명한 시술 금액까지 알려줘야 한다.

본격적인 파마에 앞서 고객의 목적을 점검한다.

고객의 입장에서 한 번 더 생각하고 꼼꼼한 상담이 필요하다.

시술 클레임의 시작은 상담 미숙과 고객의 불편함에서 비롯되고 한 번의 실수
는 고객 가족과 주변의 친구 전체까지 잃을 수 있다.

고객이 펌을 하려는 목적을 정확하게 알아낸 후 펌의 종류, 클리닉, 옵션, 가격
등을 정확하게 설정하고 시술에 임해야 된다.

결국 고객의 불편함을 해결하는 것이 미용사의 역할이다.

# 모발 진단 방법과
# 펌제의 처방

열펌 시술 전 모발 진단의 목적은 시술받는 고객의 모발에 적합한 펌제 선택과 변형된 한국인의 모발에 숨겨진 돌연변이 결합을 찾는 데 있다.

그동안 한국인의 모발에 많은 변화가 찾아왔기 때문이다.

예전에 비해 많이 얇아지고 밝아졌으며, 새치의 발생 연령도 어려졌다.

각종 가열 기구에 의한 열변성 결합과 펌과 염색 후 잔여 물질에 의한 모발 돌연변이 결합이 일반적이다.

마른 머리카락으로는 정확한 모발 진단이 어려우므로 펌제 도포 전 펌제 침투 경로 확보, 고객의 정확한 모발을 진단해야 한다.

그러려면 반드시 미온수와 세정력이 강한 알칼리성 샴푸를 사용하여 모발 표면의 유해물질을 제거하면서 모발 진단을 정확하게 실시해야 한다.

먼저 파마 · 컬러 상태를 확인한 후 두상골격 · 모류 방향(가르마, 제비초리, 카우릭) · 잔머리(배냇머리) 상태를 점검한다.

## 파마 상태

평상시 펌 형성이 잘되는지 안 되는지 반드시 확인한다.

곱슬 교정이나 세팅펌의 경험 여부도 체크한다.

전반적인 열변성 결합 가능성을 진단한다.

손상 모발이면 시스테아민에 의한 경화 현상을 점검한다.

홈케어할 때 매직기나 고데기를 사용하는지도 알아본다.

펌제 도포 전 가장 손상된 머리카락 20여 가닥을 선택된 펌제로 도포한 후 5분 정도 방치한다.

그 후 모발의 내성과 연화 진행 상태, 경화된 모발이 풀리는 시점과 모발 색상의 변화를 확인한 후 펌제를 선택한다.

## 컬러 상태

탈색 유무를 확인하고 비겐 · 양귀비 블랙 헤나, 염색방 염색 시술 경험을 진단한다.

공통적인 새치 전용 염색으로 염색 촉매제, 금속성 커플러 철($Fe$)이 함유돼 두피 자극을 줄이고 색소 침착이 빠르며 퇴색을 줄이는 효과는 있다.

　그러나 반복 시술에 의한 금속성 커플러의 누적에 따른 환원제 산화현상으로 펌 형성이 어려우므로 모발에 누적된 철(Fe) 성분을 pH가 낮은 치오 펌제로 산화한 후 연화해야 펌 형성이 가능하다.

　일반적인 염색 모발은 큐티클이 열려 있어 펌 형성에 도움이 되므로 펌제 사용량을 줄여 연화한다. 특히 염색방 염색 경험이 있는 모발은 반드시 펌제 테스트 후 본 연화를 실시한다.


## 두상 골격

　펌제 도포 전 두상 골격을 확인하여 최대한 계란형에 가까운 두상을 표현할 수 있도록 진단한다.

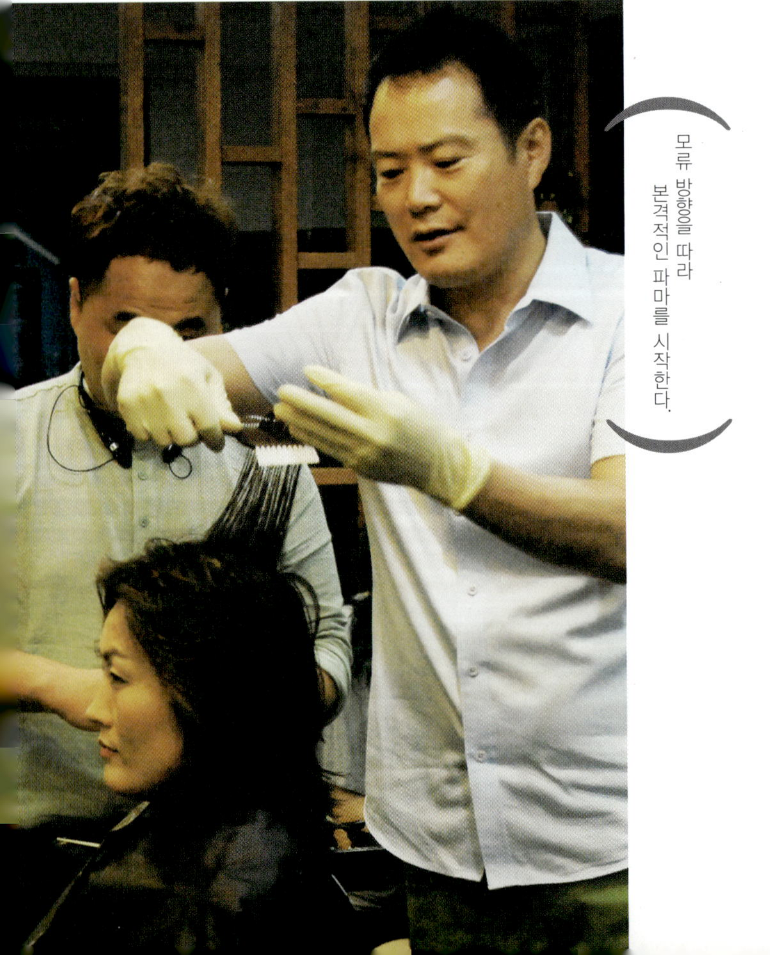

한국인 두상 골격의 보편적인 공통점은 양쪽 옆통수가 나와 있고, 뒤통수가 납작하며, 양쪽 이마 부분이 직각에 가깝게 떨어져 있고, 정수리 부분이 넓은 특징이 있다.

모류 방향을 살려야 할 부분과 낮춰야 할 부분은 두상 골격에 따라 결정된다.

펌제 도포 때 두상 골격 보완이 가능한 다운 펌, 포마드 펌, 성형 펌 등이 현재 유행 중이다.


## 모류  방향

한국인 5천만 명 중 모류 방향이 똑같은 사람은 단 한 명도 없다.

손가락 지문이 모두 다르듯이 모류 방향 역시 개개인마다 틀리다.

모류 방향에 따라 가마 자국과 가르마, 제비초리가 형성된다.

펌에서 중요한 볼륨 업과 다운은 모류 방향 역방향과 모류 방향 유지에 따라 결정된다.

모류 방향을 무시한 올백 형태의 펌제 도포 방법은 큐티클 손상과 모발 꺾임의 원인이 된다.

펌제와 염모제를 도포할 때 모류 방향은 유지되어야 하고, 볼륨 업과 다운은 모류 역방향과 모류 방향 유지에 따라 표현이 가능하다.

곱슬 교정 또한 모류 방향을 유지한 도포 방법으로 탁월한 효과를 발휘한다.


## 잔 머 리 ( 배 냇 머 리 )

## 상 태　확 인

　　　　모발 전체 양의 10%는 이제 막 자라기 시작한 잔 머리카락(배냇머리)이다.

　중요한 것은 잔 머리카락이 가장 건강한 부분에 자리하고 있어 펌제 도포시 건강 전용 펌제를 도포하면 과연화에 의한 자지러짐 현상이 나타난다.

　펌제 도포 전 잔머리와 신생모가 펌제에 의해 손상되지 않도록 PPT나 약한 펌제를 사용하여 면역성을 키워주고 본 펌제를 도포해야 하며, 펌제 도포량 조절이 펌 완성에 큰 역할을 담당한다.

　잔 머리카락은 펌제를 원터치로 도포하지 말고 흡수량에 따라 조금씩 나누어 도포하는 방법을 활용해야 한다. 잔 머리카락을 건강한 상태로 유지해야 열 펌 재시술에 도움이 된다.

# 열펌의 환원과정
# 연화(Softening)

## 연화의 정의

연화란 단단한 모발을 부드럽고 무르게 하는 과정을 뜻한다.

연화를 제대로 숙지하려면 펌제의 구성 성분을 이해해야 한다.

펌제가 모발에 도포되면 펌제는 어느 경로를 타고 모발 속에 침투하고 어떤 반응을 나타내는지, 펌제의 각 구성 물질들이 모발 내부에서 어떤 활동을 하는지 보이지 않는 감각으로 느끼는 것이 연화이다.

연화는 모발에 적합한 펌제를 정해진 시간 안에 모발이 적당량 흡수하고 있는 상태가 가장 잘 되어 있는 상태이다.

펌제의 구성 성분 중 가장 많이 차지하는 물질이 정제수이다.

펌제의 70~80%를 차지하는 물질이다.

정제수 역할은 펌제 구성 성분의 이동과 모발의 결합 중 가장 많이 차지하는 수소결합의 일시적 절단이다

즉, 모발 전체를 팽윤하여 펌제 구성 물질의 이동과 촉진시키는 역할을 한다.

펌제에서 두 번째로 많이 차지하는 물질이 알칼리이다.

펌제 구성 성분 중 알칼리와 정제수에 의해 그 펌제의 고유 pH가 결정된다.

펌제에 사용되는 알칼리는 두 가지로 분류된다.

유기 알칼리(비휘발성, 모노에탄올 아민)과 무기 알칼리(휘발성, 암모니아)가 대표적으로 사용되며 화학에서 유기, 무기의 개념은 탄소의 포함 여부에 따라 분류된다. 탄소 포함이 유기로 표기된다.

모발의 잔류량과 작용 시간에 따라 건강모(유기)와 손상모(무기)에 사용된다. 펌제에 사용된 알칼리의 역할은 이온결합(염)의 일시적인 절단이다.

정제수가 모발 전체를 부풀리고 알칼리에 음이온이 더해져 모발 내부 결합 중 이온 결합을 절단시키는 역할을 한다.

열펌에 대한 미용실 원장들의 관심이 뜨겁다.

세 번째로 많이 차지하는 물질이 환원제이다.

펌제에 활용되는 환원제는 시스테인, 시스테아민, 치오 락톤티올, GMT 등이 사용된다.

정제수가 모발 전체를 부풀려 수소결합을 절단하고, 알칼리가 음이온을 발생시켜 이온결합을 절단한 사이 세 가지 결합 중 가장 견고한 시스틴 결합을 환원제가 수소(H)를 발생시켜 일시적으로 절단한다.

결국 세 가지 물질을 모발 내부에 침투시키기 위해 펌제를 도포하는 것이다.

연화란 모발 내부에 자리하는 수소결합, 이온결합, 시스틴결합의 일시적인 절단을 말한다.

펌 1제를 모발에 도포하는 궁극적인 이유는 가장 견고한 시스틴 결합을 절단하기 위한 것이다.


## 펌제 침투 경로

펌제가 모발 내부에 침투하는 경로는 다음과 같다.

펌제가 모발에 도포되면 큐티클과 큐티클 사이에 본드 역할을 하는 CMC 통로를 이용해 틈새 사이로 정제수가 흡수되어 큐티클 중 친수 부분인 엔도 큐티클을 자기 부피만큼 부풀려 큐티클 전체가 부풀어 오른다.

정제수는 큐티클이 팽창한 사이로 더 흡수되어 모피질 CMC 통로를 이용해 모피질 친수부인 오르토콜렉스를 더 부풀린다. 이렇게 모발 전체가 팽윤된다.

정제수가 이동하면서 혼합된 알칼리가 음이온을 발생하여 모발 전체를 부풀리고 그 사이 환원제가 침투하여 모발 내부의 결합 중 시스틴 결합에 부착되는 것이다.

모발 내부와 외부를 연결시키는 모발의 혈관 같은 CMC가 모든 이동물실의 경로 역할을 담당한다.

병사들이 각개전투를 벌이는 것처럼 펌제 내부에 함유된 물질들이 자기 역할을 찾아 명령하에 침투하는 것이다.

펌제 구성 성분들인 정제수, 알칼리, 환원제, 안정제 등은 각자의 역할이 정해져 있다.

정제수는 알칼리와 환원제, 안정제 등 펌제 구성에 필요한 모든 물질의 이동 역할을 하고, 3가지 결합 중 가장 많은 양을 차지하는 수소결합을 절단한다.

정제수는 모발 전체를 부풀리면서 역할과 펌 1제 혼합물질들의 이동 역할을 담당한다.

알칼리는 음이온을 발생하여 모발 전체를 한층 더 부풀린다.

음이온은 모발이 가장 안정적인 pH 4.5~5에 발생하며, pH가 상승하면서 이온결합이 절단되는 역할을 한다. 알칼리는 환원제의 촉매 역할을 한다.

환원제는 정제수와 알칼리가 모발 전체를 부풀리고 팽윤된 사이로 침투하여 자신과 동질의 비슷한 시스틴 결합 사이에 달라붙어 수소를 발생시켜 시스틴 결합을 절단한다.

안정제는 알칼리와 환원제의 안정적인 작용과 함께 부작용을 예방한다.

정제수와 알칼리 환원제를 모발 내부에 침투시키기 위해 펌제를 도포하는 것이다.

펌제 이동 경로 중 가장 중요한 역할을 CMC가 담당한다.


## 펌제 구성 물질

펌제의 성분은 환원제와 산화제로 나눠지며 1제는 환원제, 2제는 산화제(중화제)라고 한다. 펌제의 구성 성분은 다음과 같다.

- **정제수**　정제수란 상수도 물을 증류하거나 이온교환 수지를 통해 불순물을 정제한 물이다. 불순물이란 펌제 내 유효 성분을 변질시킬 수 있는 미생물과 금속 이온을 말한다.

  각종 화장품과 펌제 등에 가장 많은 배합 비율을 차지한다.

  화장품과 펌제의 품질을 좌우하는 중요한 물질이다.

  펌제에 혼합된 정제수는 기능 성분들이 모발에 잘 흡수할 수 있도록 이동과 팽윤 역할을 담당한다.

  모발 내 수분의 보급 역할과 모든 펌제 내 유효성분을 이동시킨다.

  모발 전체를 부풀려 수소결합을 일시적으로 절단시킨다.

- **알칼리**　펌제에 사용되는 알칼리는 비휘발성 유기 알칼리(모노 에탄올아민), 휘발성 무기 알칼리(암모니아), 유리 알칼리 등 크게 3가지로 분류된다.

유기 알칼리와 무기 알칼리의 구별 방법은 탄소(C)의 유무에 따른 것으로 포함된 유기 알칼리와 불포함된 무기 알칼리로 나뉜다.

펌제 내 알칼리의 역할은 펌제 고유의 pH가 결정되고 음이온이 발생하여 이온결합(염)을 일시적으로 절단하고 환원제의 작용을 극대화시키는 데 일조한다.

알칼리는 펌제에 반드시 필요한 물질이지만 모발에 잔류하면 모발 손상의 원인이 되기도 한다.

**모노 에탄올 아민**(HO-CH$_2$-CH$_2$-N-H)  모노 에탄올 아민은 에탄올(알콜성 수산기)을 가진 아민이다. 유기 알칼리로 무색투명 또는 옅은 황색의 액체로 물에 잘 녹는 성질이 있다.

건강한 모발용의 펌제나 염모제에 주로 사용된다.

소량의 첨가로 높은 알칼리를 얻을 수 있고 비휘발성이 특징이다.

자극적인 냄새가 적은 펌제나 염모제를 제조하는 데 쓰인다.

모발과 피부에 친화성이 높아 잔류 알칼리가 되기 쉬우므로 사용 후 반드시 깨끗이 세척해야 한다.

작용 시간이 길어 오버 타임에 의한 모발 손상이 우려된다.

모발 내 잔류하는 모노 에탄올 아민은 펌 2제의 작용을 저해하여 웨이브가 풀어지고 피부에 남아 손이 트는 원인이 되기도 한다.

펌 시술 후 모발에 잔류하는 모노 에탄올 아민은 퀴퀴한 냄새가 나기도 한다.

중간 세척이 반드시 필요하며 사용 후 깨끗한 반복 세척이 중요하다.

열펌 시술 후 고객의 모발이 얇아지는 원인은 모노 에탄올 아민이 잔류하여 모발 내부의 각종 아미노산을 용해시키기 때문이다.

시술 후 72시간 동안 잔류하는 모노 에탄올 아민을 제거하는 처방이 반드시 필요하다.

잔류 모노 에탄올 아민은 모발의 pH를 상승시키는 원인이 된다.


**암모니아(NH$_3$)**　암모니아는 NH$_3$로 표기되는 무기 화합물이다.

상온과 상압에서는 무색의 기체이며 자극적인 냄새가 난다.

물에 잘 녹기 때문에 수용액(암모니아수)이 펌제나 염모제에 사용된다.

암모니아는 수용액 중에서 암모늄 이온(NH$_3$)·수산화 이온(OH-)으로 표기되어 있으며, 알칼리성으로 나타낸다.

또한 소량의 첨가로 높은 pH를 얻으며 휘발성이 높은 것이 특징이다.

암모니아수를 사용한 펌제의 장점은 시술 중 암모니아가 날아가 펌제의 pH가 줄어들어 모발에 대한 오버타임과 과잉 반응을 줄일 수 있는 점이다. 또한 시술 후 모발이나 피부에 잔류하지 않아 알칼리세에 의한 손상이 적다.

암모니아수를 사용한 펌제를 시술 후 뚜껑이 열어진 상태에서 보관하면 암모니아가 증발해 펌제의 작용에 영향을 끼친다.

펌제나 염모제의 표기 성분 중 암모니아수로 표기된 것은 수용액인 암모니아수를 원료로 배합한 탓이다.


**유리 알칼리**　펌제에 사용된 유리 알칼리는 딱히 정해진 것이 아니다.

펌제에 사용된 환원제는 본래 강산성을 띠는 물질이라서 펌제의 pH 영역인 pH 8~10 사이에 잘 섞이지 않아 암모니아나 염화수소를 섞어 환원제 자체를 pH 7 정도로 가공해 유리 알칼리라고 한다.

그 대표적인 물질이 치오 클리콜산 암모늄과 시스테인 염산염이다.

치오클리콜산염은 ATG로 표기되며 가장 많이 활용되는 유리 알칼리이다.

시스테인 염산염은 L-시스테인 HCL로 표기된다.

치오 클리콜산에 암모니아 같은 알칼리를 혼합하여 pH를 끌어올리면 평균적으로 중성에 해당되는 pH를 얻는다. 이것이 유리 알칼리이다.

펌제에 사용되는 유리 알칼리는 기본적으로 암모니아를 가장 많이 사용한다.

암모니아는 휘발성 성질이 있어 모발 내부에 다소 잔류해도 서서히 휘발하여 모발 손상을 줄이고 환원제 작용을 촉진시킨다.

여기에 사용되는 암모니아는 분자량이 작아 침투성이 좋은 탓이다.

펌제에 사용된 알칼리는 양면성을 띠는 물질이다. 펌 시술에 반드시 필요한 물질이지만 모발에 잔류하는 알칼리는 모발 손상의 첫 번째 원인이 된다.

어느 물질이든 가장 안정적인 상태를 등전점이라 하는데, 모발에 가장 건강한 pH는 4.5~5이다.

안정적인 모발에 환원제 침투 경로를 열어주고 환원제 역할을 촉진시키는 주요 물질이다.

하지만 잔류 알칼리는 모발 손상의 원인이므로 3~7일 안에 잔류하는 알칼리는 반드시 제거하여 건강한 모발의 pH를 되찾는 데 노력을 기울여야 한다.

알칼리 제거 물질은 기본적으로 산성이다.

샴푸부터 산성 샴푸를 권장하고 안정된 pH를 유지할 수 있는 CMC 처방을 시술 후 반드시 실행하여야 한다.


● **환원제**　열펌에서 환원제는 수소를 발생시켜 자신은 산화되면서 상대 물질에 환원시키는 물질을 환원제라고 한다.

환원과 산화 반응은 별도로 일어날 수 없다. 산화 반응이 일어나기 위해서는 환원 물질이 있어야 하고, 환원 반응이 일어나기 위해서는 산화 물질이 있어야 한다.

산화와 환원 반응은 언제나 동시에 일어난다.

어느 물질이든 전자를 잃고 얻는 성질의 세기가 다르기 때문에 산화·환원 반응이 일어나는 것이다.

전자 절단에 관여하는 반응이 산화·환원 반응이다.

미용 현장에서 미용인이 매일 활용하고 있는 반응이다.

펌 1제를 도포하는 것이 환원 반응이며 펌 2제를 도포하는 것이 산화 반응이다.

펌제에 사용되는 환원제의 종류는 시스테인, 시스테아민, 치오, 락톤 티올(스피아라), GMT 등이 있다.

펌 시술에서 환원제의 역할은 시스틴 결합의 일시적 절단이다.

어떤 물질이든 안정화를 이루기 위해 지속적인 결합을 이뤄 간다.

모발이 함유하고 있는 아미노산 중 가장 많이 차지하고 있는 아미노산이 시스테인이다. 시스테인은 시스테인과 결합하여 시스틴으로 생성하고, 시스틴은 시스틴과 결합하여 시스틴 결합을 이룬다.

이렇게 안정된 결합에 비슷한 물질을 침투시켜 시스틴 결합을 일시적으로 절단하는 것이 환원제의 주역할이다. 환원제가 시스틴 결합을 정확하게 찾아가 수소(H)를 발생시켜 시스틴 결합을 절단하는 것은 모발이 비슷한 물질끼리 결합하려는 성질을 강하게 가지기 때문이다.

이 성질을 이용한 것이 환원과 연화로 이를 라멜라 구조라고 한다.


**시스테인((HOOC-CH-CH₂-SH)** 시스테인의 종류는 L-시스테인, L-시스테인 HCL, DL 시스테인, N-아세틸 시스테인 등이 있다.

시스테인은 사람의 모발이나 돼지 털 또는 새의 깃털에서 추출한 물질로 모발의 특징을 나타내는 중요한 성분으로 되어 있다.

펌제에 사용하는 시스테인은 모발을 물과 염산에 가수분해하여 추출한 시스테인을 환원시켜 수소를 첨가한 것이다.

보통의 시스테인은 L-시스테인(천연 시스테인)을 말하며, 산화되면 불용성 시스틴으로 변화되어 모발 손상을 막는 효과가 있다.

치오보다 산화되기 쉽고 장기간 공기 중에 노출되면 물에 녹기 어려운 시스테인으로 변하여 흰색 분말의 미세 결정이 생긴다.

시스테인 펌제 사용 후 흘러내린 펌제와 뚜껑 주변에 하얀 응고물이 생긴 것이 시스테인 결정이다. 시스테인은 모발과 피부에 잔류하기 쉬운 물질이므로 시술 후 충분히 세척해야 한다.

【L-시스테인】 분자량은 121로 가장 불안정한 환원제이다. 모발을 구성하는 아미노산과 동일하며 산화되어 시스틴 생성이 쉽다. 통상 천연 시스테인이라고 한다. 같은 양의 치오보다 가격이 10배로 비싸다.

【L-시스테인 HCL】 L-시스테인 염산염으로 불리우며 아미노 등의 염산염을 말한다.

이중결합에 염화수소가 첨가되어 생성되는 물질 'Hydro Chloride'의 약자가 HCL이다. 시스테인 중 가장 흔히 사용되는 환원제이다.

【DL-시스테인】 합성 시스테인으로 분자량은 치오와 비슷한 92이다.

분자 구조가 L-시스테인의 대칭 구조이며 분자의 방향에 따라 특성이 약간 달라진다.

DL-시스테인은 모발에 불용성 산화물이 남지 않아 모발 손상을 끼치지 않는다. L-시스테인보다 시스틴 생성이 어렵다. 고가의 환원제이다.

【N- 아세틸 시스테인】 질소(N)를 사용해 가수분해 추출하여 생성된 시스테인 시스틴 생성이 어려워 늘어지는 컬과 방향성 유지에 많이 사용되는 환원제이다.

국내에는 직펌제 환원제 사용이 빈번하다. 질소와 산소의 고온에서 직접 작용시켜 추출한 오산화질소($N_2O_2$) 산화물이다.

시스테인 한원제는 치오보다 침투 속도가 떨어져 강한 웨이브를 얻을 수 없지만 모발에 부담이 적다.

또한 모발 내 결합을 이루지 못한 시스테인과 결합하여 시스틴까지 생성하지만 인위적인 시스틴 결합까지는 이르지 못한다.

<u>**치오**</u>　치오는 펌제 표시 성분에 항시 나오는 것들로 전 세계에서 가장

많이 사용되는 환원제이다. 치오는 '치오 클리콜산'의 줄임말이다.

치오 클리콜산은 100% 화학 약품으로 대량 생산이 가능하고 pH 3.5 정도의 강산성을 띠는 물질이다.

품질이 안정적이고 각종 염의 첨가가 가능하다.

물에 잘 용해돼 펌제의 내용물과 혼합하기 쉬운 특징이 있다.

가격 또한 매우 착한 환원제이다.

예전에 상수도 파이프 녹을 제거하는 세관제로 많이 사용했던 물질이다. 치오 클리콜산($HS-CH_2-COOH$)으로 표기되며 분자량은 92이다.

치오는 기본적으로 마이너스 이온에 해당한다.

치오 클리콜산염이란 마이너스 이온의 치오 클리콜산에 어떤 플러스 이온이 결합한 물질의 총칭을 말한다.

이때 사용한 플러스 이온이 암모니아이면 치오 클리콜산 암모늄(ATG), 모노 에탄올 아민이면 치오 클리콜산 모노 에탄올 아민(MTG)이 된다.

즉, 알칼리제와 환원제가 잘 혼합되는 역할과 모발 속으로 환원제 침투 촉진 역할을 하는 유리 알칼리가 생성되는 것이다.

유리 알칼리는 무기 알칼리보다 모발을 팽윤하는 힘이 강하므로 펌제나 염모제에 사용해 강한 효과를 발휘한다.

펌제에 사용되는 유리 알칼리는 치오 클리콜산 원액에 암모니아나 모노에탄올 아민을 혼합하여 펌 1제에 사용된 알칼리와 환원제가 잘 혼합되고 모피질 내 침투 속도와 촉매 역할을 한다.

· 치오클리콜산 + 암모니아 = 치오클리콜산 암모늄(ATG)

· 치오클리콜산 + 모노에탄올아민 = 치오클리콜산 모노에탄올아민(MTG)

· 치오클리콜산 + 염 = 치오클리콜산 염

유리 알칼리를 사용한 암모니아는 휘발성 알칼리로 모발 내 잔류량이 적고 자극적인 냄새가 단점이다.

그러나 유리 알칼리로 가장 많이 활용되는 알칼리이다.

ATG와 MTG는 환원 작용과 화학적인 작용이 거의 비슷하나 모발의 잔류량과 화학작용 지속 시간의 차이가 있다.

치오 글리세린은 치오클리콜산에 글리세린을 혼합 사용하는 환원제이다. 글리세린(Glycerin)은 무색의 점도가 있는 액상으로 맛은 달고 냄새는 없으며 방부작용이 있다.

모발이나 피부에 수분 보급 작용과 자체 물질의 건조화를 막아주는 역할을 하는 천연보습 성분이 글리세린이다.


**시스테아민($NH_2-CH_2CH_2-SH$)** 다른 환원제와 비교하면 분자량은 77로 가장 적다. 분자량이 적다는 뜻은 분자의 크기가 작다는 것으로 모발 내부에 침투하기 쉽다는 얘기다.

현재 우리가 사용하는 환원제 중 분자량이 가장 적은 환원제이다.

분자량이 적어 산성과 중성 영역에서도 환원제의 역할이 가능하다.

친수성 영역인 모발 내부 매트릭스(Matrix) 부분을 덜 손상시키면서 소수성 영역인 피브릴(Fibril) 층까지 침투하여 S-S 결합을 절단하고, 자기보다 pH가 낮은 아미노산과 결합하여 웨이브 효율이 높은 환원제이다.

또한 pH가 낮은 상태에서 펌이 이루어지는 환원제이므로 모발 자체 과수축률이 적어 컬러의 색 바램이 적고 모발 내부의 구조 변화를 최대한 짧게 일으키는 장점이 있다.

모발이 과수축되면 곱슬거림이 생기고 탄력과 촉감에 문제가 생긴다.

모발이 가지고 있는 아미노산을 결합할 수 있는 물질은 그리 많지 않다.

모발 자체 친수와 소수 이온결합, 시스틴결합 등 결합을 제외한 물질로는 시스테아민과 탄닌 성분을 주목해야 한다.

시스테아민은 수소를 발생하면서 독특하게 모든 환원제 중 알칼리성에 속하는 물질이고, 자기보다 pH가 낮은 아미노산과 결합하는 성질을 가지고 있다. 이를 경화 현상이라고 한다.

산성 펌은 좋은 것, 알칼리 펌은 나쁜 것이라고 가르치는 미용회사도 있다. 하지만 무엇이 좋고 나쁜지, 그 기준을 먼저 말해 주는 것이 우선이다.

그 전에 각자 고유의 환원제 특징을 먼저 파악해야 한다.

시스테아민은 장점이 많은 환원제이지만 단점 또한 많다.

시스테아민은 특유의 고무 타는 듯한 냄새와 피부 트러블이 자주 발생한다. 같은 모발에 반복 시술할 경우 모발이 딱딱해지는 경화 현상이 일어나는 단점이 있다.

경화 현상은 반복 시술시 나타나는 반응으로 먼저 사용한 시스테아민 펌제의 pH보다 다음 번에 사용한 펌제의 pH가 조금이라도 높은 펌제를 사용하면 방지할 수 있다.

시스테아민은 대한민국 식품의약품안전처에 화장품 원료로 분류돼 있어 최초 수입 때 화장품으로 수입이 가능해 화장품 펌이라고도 불린다.

화장품 원료로 분류된 것 그 차이뿐이다.

시스테아민은 시술 후 마무리 세척을 꼼꼼히 하고, 되도록 두피와 시술자의 손에 잔여물이 남지 않도록 깨끗한 세척이 중요하다.


**부티로 락톤티올**　2006년 미용시장에 새롭게 도입된 환원제로 '락톤환'이라 불리는 구조에 티올기(-SH)가 붙은 화합물이다.

정식명은 부티로 락톤티올이며 일명 락톤티올이라 부르고, '스피아라'라는 상표명으로 판매하고 있다.

분자량은 치오보다 크며 120이다. 가장 특이한 사항은 모든 환원제가 둥근 공 형태의 분자 구조를 이루는 반면 락톤티올은 독특하게 평면 구조를 가지고 있다.

이 덕분에 모피질로 침투가 빠르고 환원력이 왕성한 환원제이다.

치오나 시스테인 시스테아민처럼 환원시킨 후 모발에 잔류하지 않고 알코올과 물에 가수분해되는 특징을 가지고 있다.

락톤티올 원액은 PVC나 PET 등의 용기에 보관하면 그 특성이 변할 수 있어 유리 용기에 보관해야 한다.

락톤티올은 친유성이 강한 환원제라는 큰 특징이 있다. 초기 펌제에 사용된 락톤티올은 1제에 혼합돼 있지 않고 앰플 형태로 포장돼 사용할 때 혼용하도록 생산됐다.

산성과 중성 영역에서도 침투력이 좋아 강한 컬을 얻을 수 있다. 낮은 pH에서도 -S- 티오레티아니온 생성이 쉬운 독특한 성질을 가지고 있다.

큐티클이 친유성이라서 치오나 시스테인, 시스테아민 등은 모발과 잘 어우러지지 않아 강알칼리에 혼합 사용한다. 그러나 락톤티올은 분자량이 큰 대신 친유성이 강한 환원제라서 알칼리로 팽윤하지 않아도 모피질(Fibril) 층까지 침투해 산성 영역에서도 컬 형성이 가능하다.

다만 아직 대중화가 안돼 가격이 높다는 단점과 특유의 강한 향이 있다.

펌 시술시 모발 손상을 줄이기 위한 환원제는 지속적으로 개발하고 있다. 각각의 환원제 특징을 정확하게 이해하고 숙지해야 복잡해지는 고객 모발에 대응할 수 있다. 기술로 해결해야 하는 것과 소재로 해결해야 하는 것이 따로 있다.


**GMT(Glycerin Mono Thiolycollate)**　GMT는 화학식으로 $C_5H_{10}O_4S$이며 치오글리콜산 글리세린이라 부른다. 물과 접촉하면 치오글리콜산과 글리세린이 분리되면서 컬을 형성하는 -SH와 작용기가 발생되는 독특한 물질이다.

최초로 독일에서 개발됐으며, 유럽과 미국에서 많이 사용되는 산성 영역의 펌제로 활용되고 있는 환원제이다.

　팔과 다리 등 여성들의 제모제 성분으로 활용했다. 화학 처리에 의한 극손상 모발과 얇은 세모에 많이 사용되는 환원제이다. pH 6.5~7.5에 많이 활용되고 있다.

**설파이드(아황산염)**　가끔은 시스틴 결합을 절단하지 않고 펌이 가능하다는 말을 듣고는 한다. 바로 설파이드(아황산염)를 환원제로 사용한 펌제를 말하는 것이다.

　설파이드(아황산나트륨, 아황산칼륨) 등의 환원력을 가진 성분의 총칭을 설파이드라고 한다. 설파이드는 대한민국 식약처 표시 성분 중 화장품 원료로 분류되고 있다. 설파이드는 티올기(-SH)를 갖지 않는 환원제이므로 컬을 형성하는 메커니즘은 다른 환원제와 다르다.

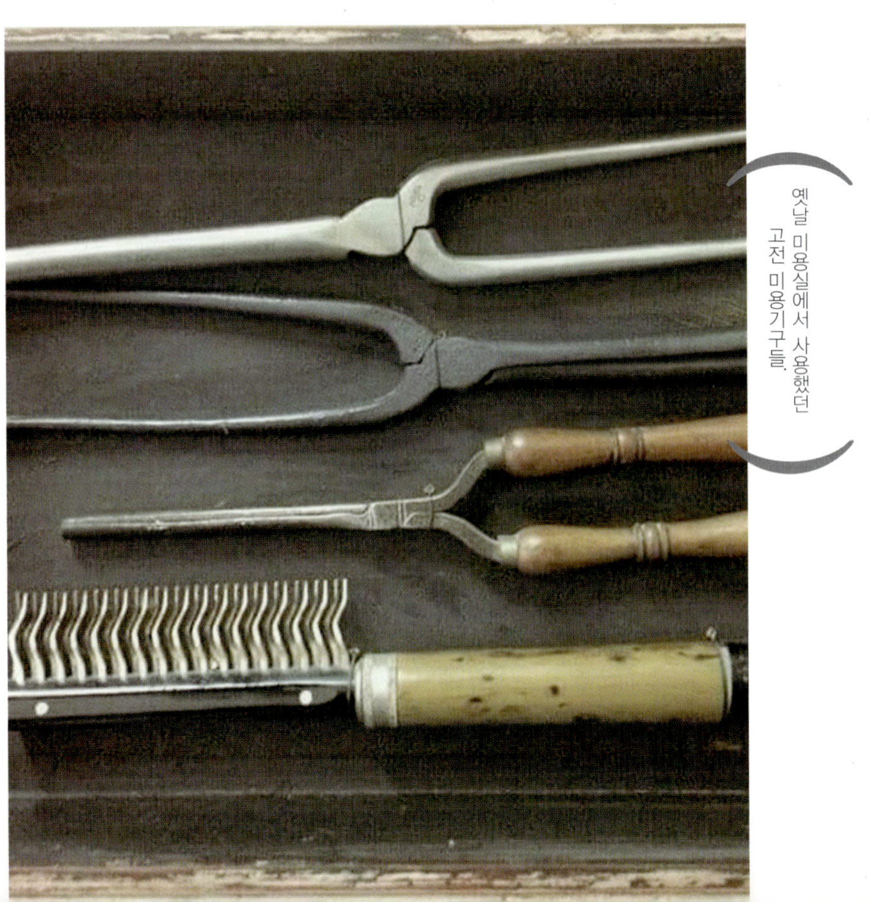

**환원제**

| 구조 | 구조식 | 분자식 · 분자량 | 소수성 · 친수성 |
|---|---|---|---|
| 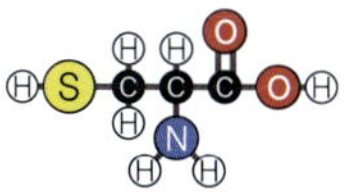 시스테인 | 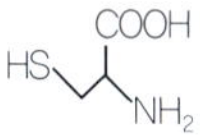 $HS$—$COOH$ $NH_2$ | $C_3H_7O_2S$ 121.16 | 친수성 |
| 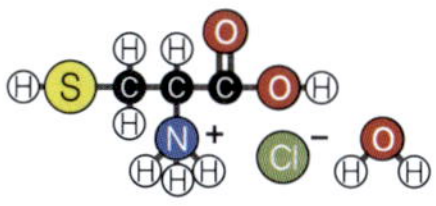 염산 DL · 시스테인 · 1수화물 | 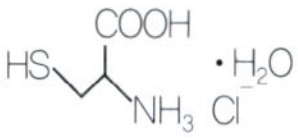 $HS$—$COOH$ $NH_3$ $Cl$ · $H_2O$ | $C_3H_{10}ClNO_3 3$ 175.64 | 친수성 |
| 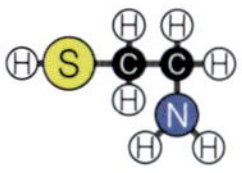 시스테아민 |  $HS$—$NH_2$ | $C_2H_7NS$ 77.15 | 중간타입 |
| 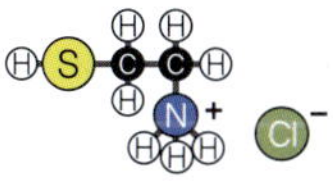 시스테아민 염산염 | 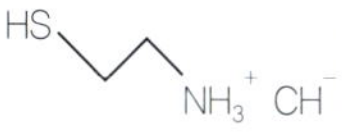 $HS$—$NH_3^+$ $CH^-$ | $C_2H_8NSCl$ 113.61 | 중간타입 |
| 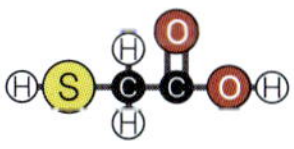 치오클리콜산 | 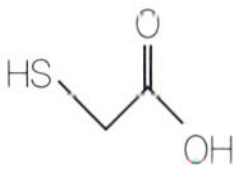 $HS$—$O$ $OH$ | $C_2H_4O_2S$ 92.12 | 중간타입 |
| 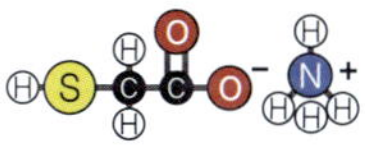 치오클리콜신 암모늄 | 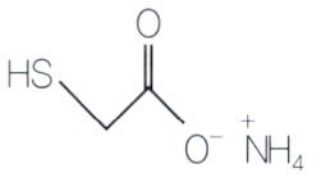 $HS$—$O^-$ $^+NH_4$ | $C_2H_7NO_2S$ 109.15 | 중간타입 |
| 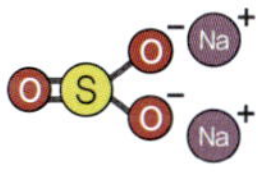 설파이드 아황산나트륨 | 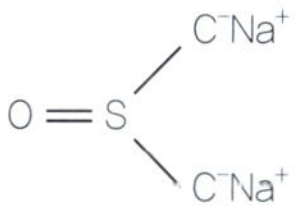 $O{=}S$ $C^-Na^+$ $C^-Na^+$ | $Na_2SO_3$ 126.06 | 친수성 |
| 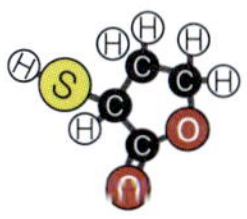 스피아래(브치로락톤티올 | 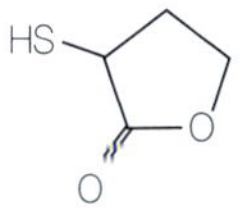 $HS$ (ring) | $C_4H_6O_2S$ 118.16 | 소수성 |
| 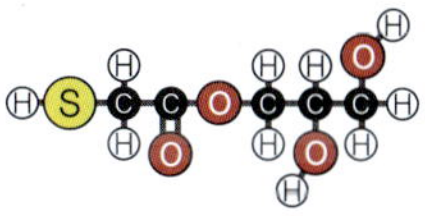 G.M.T(모노 치오클리콜산 글리세린) | 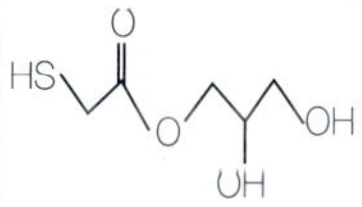 $HS$—$O$ $OH$ $OH$ | $C_5H_{10}O_4S$ 166.19 | 소수성 |



다른 환원제는 시스틴 결합에 티올기(-SH)가 수소를 줘 설난하시반
설파이드는 스스로 시스틴 결합과 이온결합하여 결합을 절단하는 독
특한 구조이다.

설파이드를 사용한 펌에서는 강한 컬과 탄력을 얻을 수 없지만 다른 환원제에 비교해 모발의 탄력을 얻을 수 있어 다른 환원제 첨가 물질로 많이 사용된다.

**펌제 선택 요령과 구성 성분 정리**　새로운 펌제를 구입하면 제일 먼저 수분 양을 체크하고 어떤 알칼리를 사용했는지 확인한다.

그 다음 환원제는 어떤 환원제를 사용했는지 확인한다.

치오 · 시스테인 · 시스테아민 · 락톤티올 · GMT 등 수분 양과 알칼리 종류, 환원제 종류에 따라 그 펌제의 특성이 결정된다.

위 3가지 물질이 모든 펌제의 90~95%를 차지한다.

각각 성분의 함유량 차이일 뿐이다.

식약처 허가 기준과 각기 펌제의 배합량 기준에 따라 롯드 펌과 열펌으로 구별된다. 정제수와 알칼리에 의해 그 펌제 고유의 pH가 결정되고 환원제의 양과 종류에 의해 펌제 고유의 특징이 결정된다.

건강모와 손상모 · 극손상모 펌제의 구분은 배합의 양 차이이며, 현장에서 각각의 펌제를 혼합 사용하는 것은 용시 제조에 해당되는 것으로 엄격하게는 불법이다.

고객 모발에 맞춰 클리닉 제품의 혼합사용은 조제에 해당해 가능하지만 혼합된 제품을 다른 사람에게 양도하는 것은 제조법 위반에 해당한다.

또한 제조회사가 다른 제품을 혼합 사용해 클레임이 발생해 소비자 분쟁에 휘말리면 혼합 사용한 모든 책임은 미용사가 전적으로 책임져야 한다. 그러므로 각별히 조심해야 한다.

요즘은 의약부외품 법과 화장품 제조법의 변화로 환원제 혼합 사용이 가능하다. 단 정해진 한도 내에서 가능하다. 이렇게 환원제를 혼합 사용한 펌제를 하이브리드 펌이라고 한다.

펌제 조성 물질 중 상당량 사용하는 물질이 펌제 점도를 조정하는 증점제가 사용된다. 증점제는 각각의 성분들에 안정회의 점도를 증진시키는 목적으로 '카보머 ○○○폴리머'라고 끝나는 성분이 합성 증점제이다.

음식에서 걸쭉한 점도를 맞추는 한천이나 전분 등이 천연 증점제 같은 펌제의 점도제로 증점제를 사용한다.

또 각각의 화학 약품에 고유 냄새를 제거시키는 탈취제와 향료가 배합되며 미량의 색소에 의해 펌제 색상이 결정된다.

모발 구성에 필요한 각종 아미노산과 단백질이 배합되며 부드러움과 보습 유지가 가능한 물질이 미량 배합된다.

펌제에 사용되는 정제수, 알칼리, 환원제, 보습제, 점도제 등은 큰 차이가 없어도 배합량에 따라 펌제의 편차가 심하다.

고가의 펌제일수록 고급의 배합 성분들이 사용된다

그 성분들에 안정적인 작용을 위한 안정제가 배합된다.

펌제를 정확하게 이해하고 고객 모발과 펌 목적에 적합한 펌제 선택이 중요하다.

**펌 2제의 종류와 역할**　열펌 시술의 모든 과정이 중요하지만 마지막 고정 단계인 중화의 역할은 매우 중요하다.

　펌 2제는 과산화수소($H_2O_2$)와 취소산염(원소기호가 Br이므로 브롬산이라 불림)이 유효 성분인 것으로 나뉜다.

　펌 2제 중화제의 역할은 시스틴 결합의 재결합과 1제 시술 후 잔류하는 알칼리의 중화 기능이다. 과산화수소와 브롬산의 차이점은 산화하는 힘의 구조 차이, 산화 후 모발에 잔류하는 성분의 차이, 산화하는 시간의 차이 등 세 가지가 있다.

　과산화수소($H_2O_2$)는 산성의 상태에서는 상당히 안정적인 물질이지만 알칼리 상태에서는 모발에 멜라닌 색소를 분해할 만큼 강한 산화력을 가진다.

　브롬산은 칼륨(K)과 나트륨(Na)로 나뉘며 역할은 똑같다.

　과산화수소만큼 강한 산화력을 갖지 못하지만 충분한 방치 시간을 요하며, 모발이 알칼리 상태에서도 탈색할 만한 산화력은 없다.

　2제 도포시 모발에서 열이 발생되는 이유는 모발에 도포됐던 1제 알칼리가 잔류하며 과잉 산화하는 것으로 모발이 탈색될 만큼 위험한 상황이다.

　중화 전 모발에 잔류하는 알칼리를 깨끗이 제거한 후 중화하는 것이 중요하다.

　크림 중화와 물 중화의 차이는 중화제 수분 양의 차이로 기능은 동일하고 중화제에 증점제를 사용하여 점도 조절을 한 것이 크림 중화이다.

　중화 때 모발에 잔류하는 알칼리가 많으면 과산화수소 중화가 산화력과 알칼리 제거 기능이 우수하고, 반대로 모발에 잔류하는 알칼리가 적으면 브롬산 중화가 산화력이 우수한 유효 성분이다.

　반드시 성분별 산화 시간을 준수해야 하고 산화 후 모발에 잔류하는 2제를 깨끗이 제거해야 펌 후 모발의 건조를 예방한다.

모발에 잔류하는 알칼리와 중화제가 결합하여 지속적인 열이 발생하는 것을 모발의 활성 산소라 하며, 모발 탈색과 건조 등 손상의 원인이 된다.

펌 1제가 도포된 부분에 반드시 2제가 필요하지만 과하게 도포된 중화제는 과잉 산화로 손상을 초래한다.

중화 때 모발 끝부분으로 흘러내리는 2제는 중화시 닦아내야 하며 과잉 산화에 의한 손상 원인이다.

펌 2제가 시술자 손등에 도포되면 피부 건조증에 노출될 만큼 강한 산화력을 가시므로 사용 후 두피에 노폰된 중화와 모발에 산류하는 중화제는 깨끗이 세척해야 한다.

# 일반 펌제와
# 열펌제의 차이점

일반 펌제와 열펌제의 차이점은 식약처 허가 기준이 다를 뿐 그 역할은 동일하다. 가장 좋은 펌제는 지금 시술받고 있는 고객의 모발과 펌의 목적에 맞는 것이 가장 좋다.

- **수분 양**   일반 펌제가 상대적으로 수분 양이 많고 열펌제가 상대적으로 수분 양이 적다.

  열펌제가 수분 양이 적은 것이 아니고 증점제를 사용하여 펌제 자체 수분 양을 조절하여 발림성과 도포량 작용 시간의 조절이 가능하다.

  모발 내 침투력의 차이점과 환원제 작용의 지속력 차이다.

- **pH 9.6**   일반 펌제는 pH 9.6 미만이다. 그 반면 열펌제는 pH가 자유롭다. 이는 식약처의 허가 기준이다.

- **가온 여부**   pH 9.6 이하 펌제는 1제 도포 후 60℃ 이하로 가열이 가능하다. pH 9.6 이상 펌제는 1제 도포 후 가열이 불가능하다. 이 역시 식약처의 허가 기준이다.

- **환원제 양**   일반 펌제는 전체의 6% 미만이다. 열펌제 환원제의 양이 자유롭다. 이 또한 식약처의 허가 기준이다.

# 펌의 목적에 따른
# 연화법

지금까지 한국인의 모발 이야기와 펌제를 상세히 분석했던 이유는 연화를 설명하기 위한 준비였다.

각종 펌제를 모발에 도포하는 것은 시스틴 결합을 절단하기 위한 과정이다.

시스틴 결합의 절단 양에 따라 컬의 형태와 곱슬 모발의 교정 편차는 크다.

그동안 한국인의 모발에 많은 변화가 찾아왔다. 모발이 얇아지고 밝아져 있으며, 각종 화학 처리에 의한 변성과 열변성이 일반적이다. 스트레스와 환경 탓인지 새치 발생 연령이 많이 젊어졌고, 두피 역시 여러 가지 원인에 의한 붉은 반점과 함께 얇아져 있어 가는 모발이 대세이다.

열펌을 처음 시작할 때와 달리 한국인의 모발은 많이 달라졌다. 이제는 바뀐 한국인의 모발에 적합한 열펌 시술을 다시 정리할 때이다.

그나마 다행인 것은 요즘 고객들의 열펌 시술 이유가 강한 컬 위주였던 것에서 굵은 컬과 뿌리 볼륨, 방향성 질감 쪽으로 요구하고 있다. 그래서 예전에 비해 전반적으로 pH가 낮은 펌세로 내응이 가능해졌나.

연화는 복잡하고 눈에 보이지 않는 촉감과 느낌으로 결정해야 하는 매우 어려운 작업이다. 그렇지만 연화에 대한 구체적인 기본을 이제 정리해야 한다.

연화에 대한 기준이 달라져야 한다. 한국인의 모발이 많이 바뀐 데다 펌을 하는 목적과 열펌의 종류 또한 다양해졌기 때문이다.

같은 모발이라도 고객이 펌을 하는 목적에 의해 컬이지, 결이지, 곱슬머리 교정인지에 따라 펌제의 선택과 연화 방법이 다를 수밖에 없다.

종래의 연화는 펌제의 종류나 열펌 기구에 맞춰 진행되었다. 하지만 이제는 고객이 펌을 하는 목적과 고객의 모발 상태에 따라 연화가 달라져야 한다.

고객이 뚜렷한 목적을 가지고 펌을 시술받기 때문에 그 욕구를 해결하는 것이 미용사의 역할이다.

고객 모발에 적합한 펌제의 선택, 모발이 흡수하는 펌제의 양, 펌제가 작용하는 적절한 시간 조절이 펌의 성패를 좌우한다.

펌을 시술하는 목적에 따라 연화법을 정리해 본다.

### ● 컬(curl)

❶ 펌제 도포 전 알칼리 퓨어 샴푸를 한다. 펌제를 다량 도포하기보다 펌제의 침투 경로를 열어주는 것이 연화에 효과적이다.

❷ 샴푸 후 손상 부분은 수분량이 적은 상태로 수분 조절을 한다.
수분이 손상부에 남아 있으면 도포된 펌제에 pH가 상승하여 자지러짐 현상이 나타난다.

❸ 컬이 주목적인 펌 연화에는 환원제를 치오로 선택한다.

❹ 펌제 도포 전 전처리 트리트먼트는 최소화한다. 전처리는 필요하나 과하게 도포된 전처리는 연화의 방해 요소가 되기도 한다.
펌 연화 전처리는 단독 사용보다 선택된 펌제와 혼합 사용하여 펌제와 트리트먼트에 상승 효과를 이룬다.

❺ 손상모부터 모발에 적합한 펌제를 조제하며 전체 도포량의 30% 정도 먼저 도포하여 모발의 내성을 키운다.

❻ 손상부에 도포한 펌제와 같은 양을 두피 가까이 도포하여 신생모의 면역성을 키우기 위해 뿌리 볼륨과 방향성을 유지한다.

❼ 펌제를 원터치로 도포하면 연화가 실패할 확률이 높아진다.
손상 모발이라도 같은 양을 2~3회 나눠 도포하면 과연화를 방지할 수 있고 모발이 흡수하는 양의 조절도 가능하다.

❽ 가는 모발과 손상모는 펌제 도포 시간이 짧으면 미연화로 인한 컬

형성, 끝 모발 날림과 유지가 짧아진다.

펌제가 모피질에 흡수되어 시스틴 결합이 절단되는 충분한 시간이

필요하다.

❾ 펌제 도포 후 가급적이면 열처리를 할 필요가 없다. 비닐 캡과 랩핑

을 이용한 산소 차단이 환원력을 높이는 방법으로 효과적이며 실온

과 체온을 활용한 가온이 연화에 도움된다.

❿ 펌제 도포 후 1차 연화가 확인되면 먼저 도포된 펌제를 살짝 걷어내

고 신선한 펌제를 재도포한다.

⓫ 연화 테스트는 도포된 시간, 모발의 색상 변화, 시스테인 냄새, 촉감

등을 통해 알 수 있다.

⓬ 모든 연화가 완료되면 먼저 도포된 펌제보다 pH가 확연히 낮은 펌

제에 PPT와 LPP를 적당량 혼합하여 먼저 도포된 펌제를 살짝 걸어

내고 조제된 펌제를 재도포하여 모발의 등전점을 찾은 후, 절단된

단백질의 재배열과 부분적 미연화 모발의 연화 촉진과 안칼리 제거

로 인한 원충작용에 효과적이다.

이 과정을 크리프(Creep)라 하며 도포 방치 5분 후 세척한다.

⓭ 펌 1제를 깨끗하게 헹군 후 타월 드라이를 한다.

⓮ PPT나 LPP를 활용한 2차 클리닉을 한다. 연화는 절단도 중요하지만

채움이 더 필요하다. 모발에 필요한 각종 단백질을 채우는 중요한
환경이 연화된 상태이다.

❶⑤ 2차 클리닉 후 수분 조절 뒤 와인딩한다.

- **결(hair texture)** 부스스한 모발의 완벽한 연화를 위해 모발 진단
  이 중요하다. 부스스한 모발이 끝부분인지 신생 모발인지 확인하고,
  그 원인이 화학 처리나 가열 처리에 의한 것인지 정확한 진단이 필요
  하다. 손상 원인에 따른 펌제 선택과 연화가 깨끗한 결 정리의 기본
  이다.

❶ 1제 도포 전 알칼리 샴푸를 한 다음, 모발 손상부 20여 가닥을 펌제
  테스트 도포로 방치한 후 복합적인 진단을 실시한다.

❷ 펌제 선택은 L-시스테인이나 시스테아민 환원제를 선택한다.

❸ 펌제에 PPT나 LPP를 혼합하여 최고 손상부부터 나누어 도포한다.

모발이 흡수하는 펌제의 양 조절과 재도포는 필수이다.

펌제의 도포 시간이 짧으면 교정이 어렵다. 흡수량의 조절이 성패를

좌우한다.

❹ 펌제 도포 때 모발에 잔류하는 수분 양은 최대한 적게 유지한다.

❺ 펌제는 반드시 교정이 필요한 손상 부분에 적합한 환원제를 선택한다.

❻ 1차 도포 후 재도포 시 모류 방향에 따른 부드러운 큐티클 정리 에멜

전이 필요하다.

❼ 연화 테스트 후 반드시 크리프(Creep) 완화 작업이 필요하다.

크리프(Creep) 때 사용하는 펌제는 과수축이 최소인 시스테아민을

권장한다.

❽ 연화 완료 후 깨끗한 세척, 헹굼 후 2차 클리닉이 매우 중요하다.

❾ 펌제를 헹굴 때는 약산성의 샴푸 사용을 권장한다.

❿ 볼륨 매직이나 아이론 롤스트레이트 와인딩을 권장한다.


**곱슬 교정 연화**　곱슬 모발의 특징을 알아둘 필요가 있다.

❶ 전반적인 소수성 모발로 큐티클 부분이 거칠고 두꺼운 공통점이 있다.

❷ 모류 방향이 일정하지 않고 복잡한 형태를 띤다.

❸ 모발에 인장력이 짧아 당기면 잘 절단된다.

❹ 피부 또한 건성 피부에서 곱슬 모발이 많이 발생된다.

❺ 모발에 윤기가 없고 CMC 양이 적다.

❻ 모발색이 전반적으로 탁하다.

❼ 추운 지방보다는 더운 지방에서 곱슬 모발이 많이 발생된다.

❽ 프리즐드 6번 염색체가 공통적으로 존재하지 않는다.

❾ 예전에는 굵은 모발에 곱슬머리가 많았지만 요즘은 가늘 모발도 많

이 발생되고 있다.




**곱슬머리 연화**

❶ 펌제 도포 전 반드시 알칼리 샴푸를 사용한 퓨어 샴푸가 필수이다.

❷ 1제 도포 시 모발에 잔류하는 수분 양이 좀 많아야 연화가 촉진된다.

❸ 곱슬 교정에 적합한 환원제는 치오가 유리하다.

❹ 모류 방향 결을 유지한 채 왼손에 적당한 장력이 주어진 상태에서 1
제를 도포하고, 모류 방향에 따른 에멀전을 작업을 실시한다.

❺ 건강모 곱슬은 가급적 전처리 제품을 도포하지 않은 상태에서 1제
를 도포한다.

❻ 곱슬은 1차 도포시 곱슬 전체의 60% 이상 교정해야 완벽한 교정이
가능하다.

❼ 강한 약 곱슬의 경우 1차 도포시 60% 이상 교정 후 먼저 도포된 펌
제를 깨끗이 헹군 다음 동일한 제품 또는 세척한 모발에 적합한 펌
제를 재도포하여 교정한다.

❽ 가는 연모 곱슬 교정은 펌제 과다 도포시 큐티클이 무너져 펌제 침
투 경로를 방해할 수 있다. 그래서 펌제 도포 전 알칼리 샴푸를 두 번
실시하고 수분이 남겨진 상태에서 압축 공기를 이용한 스티머, 알칼
리 음이온 발생기 등으로 모피질 부분을 팽창시켜 펌제 침투 공간을
확보한 후 1제를 도포한다.

연모 역시 모류 방향에 따라 왼손에 장력을 유지하고 1제 도포 후 반
드시 에멀전 작업이 중요하다.

❾ 펌제 재도포 때 먼저 도포된 펌제를 살짝 걷어내고 신선한 환원제를
재도포한다.

❿ 연화 테스트 후 연화가 완료되면 먼저 도포된 펌제에 PPT나 LPP를
적당량 혼합하여 크리프(Creep) 작업으로 곱슬 교정 촉진, 교정 유

지 기간과 윤기를 부여하는 중요한 과정을 거친다.

❶ 크리프(Creep) 펌제 도포 후 5분간 자연 방치 후 깨끗이 세척한다. 세척 후 PPT나 LPP를 사용한 2차 클리닉을 통해 모피질 다공성 부분의 채움 역할을 한다.

❷ 가는 모발 곱슬 교정 연화 때 가급적 열처리를 금지한다. 교정 미연화 부분은 손가락 체온을 유지한 에멀전과 재도포로 연화를 촉진하고, 자연방치 때 랩핑 처리를 권장한다.

❸ 2차 클리닉을 한 다음 큐티클에 남겨진 트리트먼트를 살짝 헹군 후 꼼꼼한 타월 드라이를 한다. 타월 드라이 후 모발이 젖은 상태에서 곱슬이 남아 있으면 연화가 덜 진행된 것으로 펌제를 재도포하여 교정한 후 2차 클리닉과 와인딩을 진행한다.

❹ 곱슬 교징 연화 때 1제 도포 시긴이 짧으면 2~3일 안에 다시 곱슬 모발로 되돌아오는 현상이 발생되기도 한다.

❺ 곱슬 교정은 반드시 펌제로 80% 이상 교정해야 형태가 유지된다.


## 열펌 기구에 따른
## 연화 차이

열펌의 종류에는 아이론, 매직, 세팅, 디지털, 매직 세팅 등이 있다. 요즘은 열펌 기구보다 펌의 형태를 더 중시하지만 아이론 기기나 디지털 기기 모든 형태를 디자인하는 데 무리는 없다. 최근 많이 유행하는 발롱·바디·물결·쿠션·베이비·다운 펌 등은 모든 열펌 기기로 디자인할 수 있다.

기본저으로 연화는 지금 시술받는 고객의 모발에 맞추는 것이 정답이지만 열펌 기기에 따른 연화 성노의 차이는 성리해야 한나.

연화를 많이 본다는 개념은 강한 약을 많이 오래 도포해야 된다는 것이 아니라 시스틴 결합을 잘고 균일하게 많이 절단해야 한다는 뜻으로 보아야 한다.

미용 현장에서 연화를 많이 보는 펌은 대체로 다음처럼 정리된다.

아이론 → 매직 → 세팅 → 디지털 순이다.

기기별 연화를 가장 많이 보는 기기는 아이론펌이고, 연화를 상대적으로 적게 보는 기기가 디지털펌이다.

아이론펌의 연화를 가장 많이 보는 이유는 연화 후 와인딩 시간이 가장 길기 때문이다. 아이론펌 시술 경험이 있는 미용인들의 가장 큰 고민은 먼저 와인딩한 부분의 컬 형성이 잘되는 반면 늦게 와인딩한 섹션은 상대적으로 컬이 늘어지는 것이다.

그 이유는 두 가지 원인이 있다.

첫째는 자연 산화이다. 연화 테스트 후 연화가 완료되면 1제를 깨끗하게 헹구면서 물이 가진 산소와 대기 중의 산소에 의해 시스틴 결합이 빠르게 재결합하는 것이다. 즉, 자연적인 산화 탓이다. 먼저 와인딩한 부분과 늦게 와인딩한 부분의 차이는 시스틴 결합의 자연산화(중화) 차이 때문에 늦게 와인딩한 섹션이 컬의 형태가 늘어진다. 자연산화는 꼭 계산해야 한다.

둘째는 와인딩 시간이 지남에 따라 모발의 수분이 체온과 실온에 의해 마르면서 모발의 수소 결합이 재결합되면서 컬이 늘어진 형태로 형성되는 것이다.

위의 두 가지 문제점 때문에 아이론펌의 연화를 더 보아야 하는 것이다.

와인딩 시간이 가장 긴 펌이 아이론펌이다.

와인딩 시간 동안 나머지 부분의 모발에 시스틴 결합이 자연산화(중화)되고 모발에 남겨진 수분이 건조되면서 수소결합이 재결합되기 때문에 두 가지를 감안하여 연화를 더 보는 것이다.

즉, 연화를 더 보아야 하는 모발은 신선한 펌제를 필요한 부분에 더 적절히 재도포하고 이때 먼저 도포된 펌제를 살짝 걷어내고 재도포하는 것이 매우 중요하다.

시술받고 있는 고객의 모발에 적합한 펌제의 선택과 도포량, 도포 후 방치 시간, 재도포 등이 펌의 완성을 좌우한다.

연화 테크닉의 묘미에 대한 미용실 원장들의 질문이 쏟아지고 있다.

열펌 기기에 고객을 맞추기보다 고객 모발과 펌의 형태, 펌의 목적에 따라 고객 맞춤 연화가 이뤄져야 한다.

## 크리프(Creep)의
## 정의와 실체

크리프(Creep)의 사전적 의미는 어떤 물체가 일정한 변형력 아래 시간의 흐름에 따라 천천히 변형해 가는 현상을 말한다.

크리프(Creep)란 이 용어를 열펌 연화 과정에 접목시켜 연화의 촉진과 펌제 구성 물질이 모발내 잔류량을 최소화하고 손상 모발을 복구하고자 하는 목적이 있다.

모든 열펌 연화시 1제가 도포된 후 연화 테스트를 실시하여 연화가 완료되면 샴푸실에서 1제를 깨끗하게 헹군다.

그러나 연화 테스트 후 헹굼 전 모발에 도포된 펌제의 잔여 물질과 연화 후 모발의 결합과 아미노산의 불안정과 단백질의 재배열 과정을 크리프(Creep)라 부르고, 열펌 연화 과정에 접목시키고 싶은 것이다.

물론 도포된 1제는 깨끗한 샴푸만으로도 잔류 물질이 제거된다. 하지만 모발이 좋아하고 각종 아미노산과 단백질이 재결합될 수 있는 환원제와 PPT 등을 배합하여 헹굼 전 먼저 도포된 펌제를 살짝 걷어내고 pH가 먼저 도포된 펌제보다 확연히 낮고 PPT 등이 배합된 펌제를 재도포하여 모발이 스스로 정화되고 재배열시키는 과정이 크리프(Creep)이다.

일본에서는 몇해 전부터 크리프(Creep) 에어펌 기기가 개발되면서 롯드펌에 중간 세척 후 크리프(Creep) 과정을 도입한 크리프(Creep) 펌이 호평을 받고 있다. 최근 등전점 모발에 잔류하는 알칼리를 제거하여 모발에 건강한 pH

를 되찾는 과정의 많은 노력을 기울였다.

그러나 단순히 모발에 잔류하는 알칼리를 제거하는 과정에서 좀 더 진일보한 펌제에 의해 절단된 이온결합을 완화시키고, 시스틴 결합에 균일한 절단을 촉진하고, 잔여 알칼리를 모발이 좋아하며 단백질을 결합시키는 탄닌 성분들을 침투시켜 재배열하는 과정을 크리프(Creep)이라고 한다.

모발에 단백질을 결합시킬 수 있는 물질은 크게 세 가지다.

L-시스테인과 시스테아민, 탄닌 등이 그것이다.

연화 테스트 후 도포된 1제를 살짝 걷어내고 먼저 도포된 펌제보다 pH가 낮은 펌제에 PPT나 LPP를 모발 상태에 따라 혼합하여 모발에 재도포하면 모발의 결과 탄력이 살아나며 윤기가 올라온다.

도포 후 약 5분간 자연 방치하면 먼저 도포된 펌제가 모발이 수축되면서 크림 형태로 밀러나온다. 자연 방치 5~7분 후 깨끗하게 행군 후 2차 클리닉을 실시하고 마무리 와인딩을 한다.

크리프에 사용된 펌제는 되도록 먼저 사용한 회사 제품과 동일한 회사의 제품 사용을 권장한다.


## 연화 테크닉의 묘미

예전의 열펌은 새로운 기구나 새롭게 개발된 롯드 연예인 스타일에서 유행이 결정되었다. 하지만 이제는 각자 개인의 취향에 따라 펌을 시술하는 뚜렷한 목적을 가지고 살롱에 방문하므로 개성을 존중해 줘야 한다.

모발 상태에 따른 유효 환원제 선택과 같은 모발이라두 C컬인지 S컬인지 형태 변화에 따른 펌제의 선택과 연화, 각각의 펌 기구에 따른 정확한 특징과 연화, 모발에 도포된 적절한 펌제의 선택과 도포량, 시간, 재도포 여부가 연화의 성패를 좌우한다.

연화가 완료되면 도포된 1제는 헹굼 전 모발에 단백질의 재배열과 완충작용인 크리프(Creep) 과정이 도입되어야 한다.

펌제를 모발에 도포하는 궁극적인 목표는 시스틴 결합의 일시적 절단이다.

모발 상태와 형태 변화 정도에 따라 시스틴 결합의 절단 양이 결정되어야 한다.

절단된 시스틴 결합의 정도를 파악해야 하고 펌제 도포 후 정확한 모발의 변화를 느껴야 한다. 또한 과연화시 적절한 대처법을 준비해야 한다.

펌제가 모발에 도포되면 모발 어느 부분에 시스틴 결합이 어느 정도 절단되고 있는지, 모발 어느 부분까지 펌제가 침투했는지 아직도 정확한 데이터는 없다.

시스틴 결합의 절단 양이 어느 정도 됐는지 중화 후 얼마큼 재결합했는지 미용대학교 교수와 과학자도 정확한 데이터를 제출하지 못하고 있다.

그러나 미용인들은 느낌으로 그동안의 경험과 감각으로 체득하고 있다.

그래서 미용인의 감각은 존중받아 마땅하다.

무엇보다 열펌 시술 후 모발이 얇아지고 건조해지는 정확한 원인부터 이해해야 한다. 모발에 잔류하는 알칼리 제거 방법과 잔류 환원제에 의한 혼합 디설파이드란 시스틴 결합의 돌연변이 완화법, 연화 후 각종 아미노산·수분·단백질의 재배열이 이루어져야 한다.

또한 큐티클과 큐티클 사이 큐티클과 모피질을 연결하는 CMC의 재생과 큐티클 정리에 따른 반사 빛과 윤기를 찾아야 한다.

열펌의 기본 원리는 펌 1제에 포함된 물질들이 모발에 도포되어 수소결합과 이온결합, 시스틴 결합이 절단되면 1제를 깨끗하게 헹구고 각종 모발 구성에 필요한 클리닉 제품을 도포하여 그 수분이 마르기 전에 와인딩을 끝내고 모발에 잔류하는 수분을 기구에서 발생된 열을 이용하여 증발시키는 과정에서 수소결합에 강한 재결합이 이루어진다.

시스틴 결합과 이온결합을 재생시키는 중화과정을 마치면 탄력 있는 웨이브와 곱슬 교정이 이루어지는 원리이다.

미용사는 펌제의 구성 성분과 역할, 열펌에서 수분의 역할과 조절 방법, 열

펌에서 열의 역할과 열량 분배 방법, 중화제의 역할을 완벽하게 이해하고 고객
모발과 펌 목적에 적절한 연화 수분 온도를 조절할 줄 알아야 한다.

## 연화 테크닉 17가지

- **적절한 펌제의 선택과 모발에 적합한 펌제 조제 방법**

  가장 좋은 펌제는 고객 모발에 적합하고 고객이 펌을 하려는 목적에
맞는 펌제이다. 그 전에 펌제의 특성을 잘 파악해야 한다.

  먼저 펌제의 수분 양(정도)을 체크하고 펌제에 사용된 알칼리 종류를

확인한다. 수분 양과 사용된 알칼리에 의해 그 펌제의 pH가 결정된다.

그 다음 펌제에 사용된 환원제를 확인한다.

펌제의 특성이 확인되면 고객이 펌을 하는 목적에 따라 형태의 변화를 크게 주고자 하는 강한 컬이 주목적인 세팅, 디지털아이론, 곱슬 교정은 주환원제가 치오 성분이 포함된 펌제가 적합하다.

락톤 티올과 같이 침투 속도가 빠르고 전반적으로 pH가 낮은 펌제도 유효하지만 가격적인 부분이 걸림돌이다.

모발이 얇고 형태의 변화를 크게 주고자 하는 펌도 주환원제는 치오가 유효하고 헹굼 전 시스테인을 활용한 크리프(Creep)와 더블 환원이 효과적이다.

펌을 시술하는 목적이 두피 볼륨과 부스스한 모발 결 정리 펌은 주환원제가 L-시스테인이나 시스테아민이 포함된 펌제가 적합하다.

방향성이 주목적인 펌제도 치오보다는 시스테인이나 시스테아민이 적합한 환원제이다.

펌제 선택은 항상 모발보다 강한 펌제를 선별하는 것이 일반적이다.

펌 형성이 안 될 듯한 불안감에 과연화를 보는 경향이 많다.

이럴 경우 모발 손상의 원인이 된다.

전처리 제품은 별도로 도포하는 것보다 선택된 펌제의 모발에 적합하도록 섞어 사용하는 것이 펌 전처리 제품의 효율성과 펌제 침투 속도 등 상승 효과를 얻을 수 있다.

혼합비율은 모발 손상 정도에 맞춰야 하며 이때 혼합 사용하는 제품은 액상 PPT가 적당하다.

가끔 pH 10.0 펌제에 pH 8.0 펌제를 섞어 pH 9.0 펌제를 조제하려고 하지만 두 제품을 혼합하면 절대 pH 9.0 펌제가 조제되지 않는다.

생산 회사가 다른 두 제품을 혼합하면 펌제가 어떻게 변할지 아무도 모르는 위험한 일이다. 이때는 pH 조절제나 감력제 등을 활용하는 것이 정답이다.

또한 펌제에 정제수를 섞어 사용하는 경우도 있다. 하지만 정제수를 혼합하면 환원제 농도는 낮아져도 pH가 떨어지는 것이 아니므로 손상모에는 pH가 낮은 손상모 전용 제품을 사용해야 한다.

열펌의 성패는 적합한 펌제의 선택과 도포량, 펌제 작용 시간 조절 등에서 결정된다.

시중에 판매되는 제품은 각각의 생산 회사에서 심혈을 기울여 제조해 현장 테스트를 거친 후 생산된 펌제들이다.

수분과 알칼리와 환원제의 밸런스가 잘 맞추어진 제품들이다.

그 제품들을 다른 제품이나 정제수를 혼합하여 변형시키면 각기 펌제들의 고유 특성이 사라지고 제품의 특성이 변질될 우려가 있다.

모든 펌제는 생산 때 식약처의 허가를 받아 고유의 표시 싱분과 바코드를 부여받은 제품들이다. 그 제품에 다른 물질을 혼합하는 것은 자칫 제조법 위반에 해당될 수 있어 현장에서 사용하는 미용인들의 각별한 주의가 필요하다.

모발 상태에 따라 동일한 생산 회사 제품에 감력제나 클리닉 제품을 혼합하는 것은 용인된다. 하지만 타회사 제품과 혼합하고 정제수 등을 섞어 사용하는 것은 제품의 특성이 완전히 바뀌는 위험한 행동이다.

요즘 소비자의 분쟁이 많은 시기이다. 이렇게 혼합 사용하여 두피나 모발에 문제가 발생하면 그 모든 책임은 당시 시술자와 점주 책임이 될 수 있다.

건강모 제품에 다른 물질을 혼합하여 손상모 펌제를 조제하지 말고 손상모발 전용 펌제를 사용하면 해결된다.


● **열펌 시술 목적에 따른 연화 방법**

열펌 시술 과정에서 가장 중요한 것이 연화 과정이다.

모발에 적합한 연화가 이뤄져야 모든 시술 과정이 순조롭게 진행된다.

연화가 시술 목적에 따라 이루어져야 한다.


### 컬을 위한 열펌
❶ 알칼리 전처리 샴푸
❷ 전처리 최소화 펌제와 혼합 사용
❸ 추천 환원제 치오
❹ 펌제 도포 시간이 짧으면 윤기가 없고 중화 후 풀림 현상이 나타난다.
❺ 1제 도포 후 연화 상태가 부족하면 먼저 도포된 펌제를 살짝 걷어내고 재도포한다.
❻ 1제 도포 후 열처리는 가급적 금지한다.
❼ 크리프(Creep) 때 먼저 도포된 펌제보다 pH가 낮은 제품을 사용한다.
❽ 깨끗한 세척
❾ 세척 후 2차 클리닉


### 결을 위한 열펌
❶ 결 정리 부분이 끝부분인지 신생모인지, 손상 원인은 무엇인지부터 확인이 중요하다.
❷ 전처리 샴푸
❸ 전처리 클리닉 필수
❹ 환원제 L-시스테인 시스테아민
❺ 펌제는 나누어 도포(도포된 시간이 짧으면 교정이 어렵다.)
❻ 도포 후 가급적 열처리 금지
❼ 크리프(Creep) 사용 시 시스테인이나 시스테아민 사용
❽ 깨끗한 세척
❾ 세척후 2차 클리닉 필수


### 곱슬 교정을 위한 열펌
❶ 알칼리 전처리 샴푸
❷ 곱슬 교정은 모류 방향을 유지한 장력과 1차 도포시 60% 이상 교정
❸ 모류 방향 유지와 장력 유지 1제 도포 후 에멀전
❹ 1차 도포 후 미연화시 재도포
❺ 건강부 곱슬 교정시 열처리 권장
❻ 연화 테스트 완료 후 크리프(Creep)
❼ 헹굼
❽ 2차 클리닉
❾ 강한 곱슬은 펌 1제 도포 후 미연화시 헹굼 후 재도포
❿ 곱슬 교정은 연화시 80% 이상 펌제로 교정해야 유지가 가능하다.

열펌 종류는 아이론 매직, 세팅, 디지털 직펌 등이 있다. 이는 나열된 순서대로 기기가 개발되었다. 이들은 아직도 현장에서 모두 왕성하게 사용되는 기구들이다.

열펌 기기 종류에 따른 연화 정도를 나누기 이전에 연화는 기본적으로 지금 시술받고 있는 고객의 모발에 맞추는 것이 정답이다.

하지만 같은 모발이라도 시술받는 목적에 따라 달라져야 한다.

현장에서는 연화 정도의 차이는 분명 나타나고 있다.

보통 아이론 → 매직 → 세팅 → 디지털 → 직펌 순으로 연화가 결정된다.

아이론펌 연화를 가장 많이 보는 이유는 연화 후 맨 처음 와인딩을 시작하며 끝까지 와인딩 시간이 가장 긴 펌이 아이론펌이기 때문이다.

아이론펌을 시술하는 미용인의 큰 고민거리는 먼저 와인딩한 부분은 컬이 잘 형성되지만 늦게 와인딩한 부분은 상대적으로 컬이 늘어지는 경우가 많은 점이다. 그 이유는 두 가지이다.

첫째, 자연산화를 절대 무시하면 안 된다. 연화 테스트 후 1제를 헹구면서부터 물이 가지고 있는 산소와 대기 중의 산소에 의해 시스틴 결합은 급속도로 재결합하기 때문이다.

이는 자연산화 현상이다. 강한 컬이 필요한 부분을 먼저 와인딩하는 센스가 필요하다.

둘째, 와인딩 시간이 지나면서 모발에 수분이 마르면서 수소결합이 재결합을 이루어 컬 형성이 어려워지는 것이다.

와인딩 시간이 지나면서 시스틴 결합이 재결합을 이루고(자연산화) 잔류하는 수분이 증발하면서 수소결합 또한 재결합이 이루어지기 때문에 이 두 가지를 감안하여 연화를 더 보는 것이다.

연화는 고객 모발에 맞추고 펌 시술하는 목적에 따라 달라야 한다.

가늘고 밝은 모발일수록 펌제 도포 시간이 짧으면 안 되고, 도포량 조절과 신선한 펌제의 재도포에 따라 승패가 결정된다.

와인딩 시간과 시술받는 목적에 따른 연화가 요구된다.


- **펌 1제 도포시 모발 손상 정도에 따른 모발 수분 조절**

최초 연화 때 모발에 잔류하는 수분 양에 따라 모발 끝부분 연화의 성패가 좌우된다고 해도 과언이 아니다. 대부분 현장에서 최초 연화 작업 때 모발 끝부분 손상모에 수분을 많이 남겨두고 펌제를 도포하는 경우가 많다.

순수물이라도 모발에 남겨진 수분 때문에 도포된 펌제는 작용 시간과 특성이 변할 수밖에 없다. 수분의 특성을 어느 정도 이해하면 쉽다.

수분은 지구상의 만물을 부풀리고 녹이는 성질을 가지고 있는 물질이다.

지금 사용하는 펌제가 액상 타입이면 모발에 잔류하는 수분 양이 좀 많아도 펌제의 고유 pH는 변화가 거의 없더라도 크림 타입이나 점도가 있을 경우, 사용되는 펌제와 모발 잔류 수분이 더해져 도포된 펌제의 pH가 급상승해 모발이 급격하게 부풀어 오르고 과팽윤되어 과연화 현상이 생긴다.

손상 모발과 가는 모발은 적합한 펌제의 도포된 시간이 짧으면 모피질에 존재하는 시스틴 결합의 균일한 절단 양과 시간이 짧아 컬 형성이 어렵고 늘어짐과 컬 풀림 현상이 나타난다.

또한 손상 모발 연화 때 펌제의 도포 시간이 짧으면 윤기가 없고 큐티클 정리가 안 돼 반사광 윤기와 부드러움이 없다.

펌 1제가 도포되어 역할을 충분히 수행할 수 있는 시간과 도포량, 모발에 잔류하는 수분 양이 손상모와 가는 모발 연화의 중요한 테크닉이다.

손상부 끝부분에 잔류하는 수분이 많으면 펌제의 특성이 수분에 의

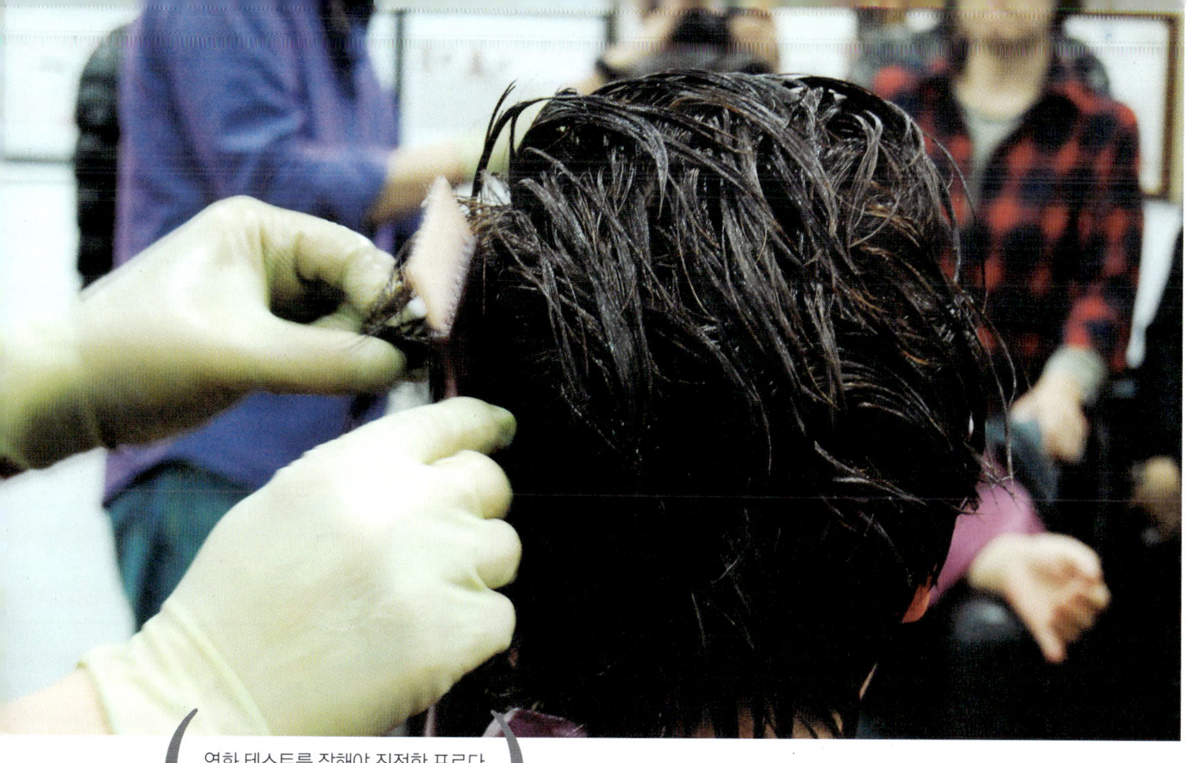



해 변질되며, 펌제의 pH가 상승하여 펌제의 역할을 충분히 이행하지 못하는 현상이 발생한다. 반대로 건강모 부분은 수분이 적당히 남아 있어야 펌제의 침투 속도와 효율성이 높아진다.

펌제를 많이 도포하여 연화를 잘 본다는 개념을 바꾸어야 한다. 모발의 펌제 흡수량은 제한적이다. 그 흡수량 이상을 도포하면 모발은 과연화 현상으로 이어진다. 손상모발과 가는 모발일수록 펌제의 흡수량과 작용시간 조절이 매우 중요하다.

조금씩 자주 하는 재도포가 정답이다. 반대로 손상모발 연화시 끝 모발의 과연화 현상으로 자지러지는 경우가 있다. 이때 자지러지는 모발을 멈추려고 수분을 도포하는 경우가 있다. 이는 아주 위험한 행동으로 오히려 손상이 가속화된다.

이에 대한 처리 방법은 끝 모발의 남은 수분과 펌제 잔류 물질을 흡수력이 좋은 키친타월이나 깨끗한 수건으로 지긋이 눌러 제거한다.

그리고 PPT를 도포해 진정시키고 2~3분 방치한 후 PPT가 함유한 본래 수분을 제거하고 끝 모발을 펼쳐 방치하면 모발에 탄력이 생기며 원래 모습으로 돌아온다.

모발 끝 부분 손상모는 펌제 도포시 수분이 건강모보다 확연하게 적어야 하며, 펌제를 조금씩 자주 도포하고 작용시간을 충분하게 방치해야 한다.

## ● 1제 도포 전 펌제 침투경로 확보 방법

현대인은 모두 바쁘다. 헤어 살롱에 고객이 몰려 여러 명을 한 번에 시술하다 보면 빨리 끝내려는 목적으로 열펌 연화시 펌 1제를 과도하게 이렇게 연화 시간을 단축하려고 펌제 양을 늘이고 강한 펌제를 도포하는 것보다 펌제가 모발 내부로 침투하는 경로를 열어주는 것이 펌의 성공 확률을 높이고 연화를 빨리 마치는 것이다.

요즘 홈 염색이 일반적이라서 열펌 시술에 많은 문제점이 발생한다. 각종 헤어케어 제품과 스타일링 제품을 많이 사용하는 관계로 한국인의 모발에 코팅막이 씌워져 있다고 봐도 무방하다. 이런 모발에 펌제를 많이 도포해 연화하기보다 펌제의 침투 경로를 확보하는 것이 중요하다.

연모, 손상모, 발수성모, 우량 건강모 등은 펌 1제 도포 전에 알칼리 샴푸를 한다. 모발은 린스만 사용해도 실리콘 피막 모발 코팅 탓에 환원제 침투가 용이하지 않다.

가능하면 따뜻한 물을 사용하고, 펌 형성이 어려운 모발일수록 거품을 제거한 후 샴푸를 한 번 더 하는 것이 연화에 많은 도움이 된다.

이보다 더 펌 형성이 어려운 발수성 악성 곱슬 모발이나 아주 가는 연모는 샴푸 거품 제거 후 샴푸 도기에 물을 반 정도 채우고, 건강 모발용 일반 펌 치오 한 병을 샴푸 도기에 미온수를 절반 혼합하여

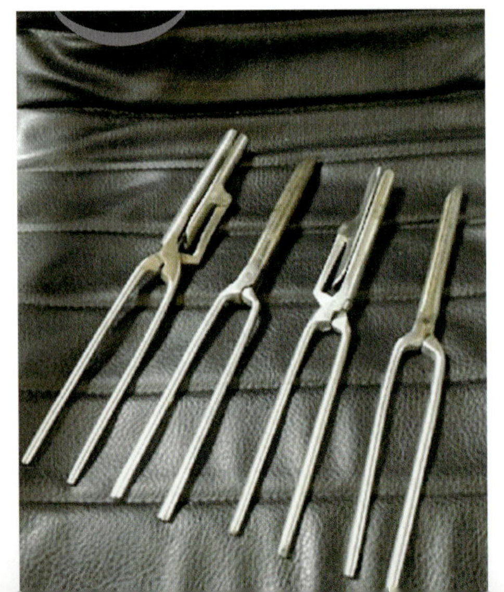

알칼리수를 제조한 후 모발을 2~3분 골고루 세척하면 모발이 부드럽게 1차 팽윤된다.

1차 팽윤이 완료되면 헹구지 말고 타월 드라이 후 모발에 적합한 펌제를 도포하면 빠른 연화가 가능하다.

이런 방법을 사용해도 연화가 어려운 모발은 알칼리수로 타월 드라이 후 압축공기를 이용한 비비앙이나 음이온 발생기에 5~10분간 노출시켜 모피질 부분을 2차 팽윤시킨 후 펌제를 도포하는 것이 바람직하다.

가끔 이마 부분의 배냇머리 모발에 펌제를 도포하면 모발이 순간적으로 자지러지며 끈적이는 현상이 나타나곤 한다.

이 상태는 연화가 지나쳐 생기는 것이 아니라 얇은 큐티클 층을 펌제에 포함된 알칼리가 녹여 생기는 현상으로 펌제 침투 경로인 CMC층을 녹은 큐티클이 막고 있기 때문이다. 이래서 헹구민 없었던 곱슬머리가 다시 살아나고 연화가 이루어지지 않았던 것이다.

가늘고 얇은 모발과 발수성 모발일수록 펌제 침투 경로를 확보하는 알칼리 전처리 샴푸와 펌제 도포시 큐티클이 이완되는 모류 방향을 유지한 원손에 장력을 유지한 도포 방법과 재도포, 작용시간 조절 등과 모발이 흡수하고 있는 수분 조절이 연모 연화의 최고 기술이다.

펌 환원제가 작용하는 공간은 모피질 부분이다. 펌제가 피질 내부로 침투 가능한 큐티클을 열어주는 물질은 알칼리와 수분이다. 그리고 조금씩 신선한 펌제를 재도포하는 것이 연화의 성공 열쇠이다.


## ● 펌 1제의 접두, 액상 로션 크림 타입의 차이점

시술받는 고객의 모발에 적합한 펌제의 선택이 좀 까다롭다.

근래 한국에서 생산되는 펌제의 품질이 상당한 수준에 올라와 있고, 펌제의 종류도 다양하다. 펌제의 생산 기준이 미용현장의 요구에 맞추어 제조되고 있는 것이 현실이다.

환원제의 종류도 다양해지고 새로운 제품이 속속 개발되며, 식약처 기준에 의해 두 가지가 혼합 배합된 하이브리드 펌제도 생산되고 있다.

액상·크림 타입의 펌제는 자체의 수분 차이일 뿐이다. 점도제 사용양에 따른 점성의 차이이다.

액상 타입은 모발의 발림성과 침투력에 빠른 장점이 있지만 펌제의 유효 성분들에 대한 작용 시간이 짧고 도포하는 부분에 정확한 도포량 조절이 쉽지 않다.

로션이나 크림 타입은 펌제의 유효 성분들이 모발 내부에 침투하는 속도가 좀 느리거나 발림성이 좋고 도포하려는 부분에 정확한 도포량 조절이 가능하다. 또한 유효 성분들의 작용 시간이 액상 타입보다 좀 더 긴 장점이 있다.

개인적으로 커트는 남기는 기술이고 파머는 약 바르는 기술이라 말하고 싶다. 열펌 고수들의 공통점은 열펌에서 최초의 펌제는 반드시 본인이 직접 도포하는 점이다.

또한 펌제 선택의 공통점도 흘러내리지 않을 정도의 발림성이 좋은 펌제를 선호한다. 시중에 사용되는 펌제의 점도제(증점제)는 크게 세 가지이다. EMS, 카보버, 셀루로오즈 등으로 표기된 것이 펌제에 사용되는 점도제이다.


**● 모발의 면역성을 활용한 펌제 도포 방법**

모발은 참으로 신비로운 물질이다. 신체 일부의 부속기관이지만 끊임없는 세포분열 과정에서 비슷한 물질과 결합을 이루고, 친수성과 소수성의 아미노산 배열이 균형을 이루고, 음이온과 양이온에 이온결합까지 완벽하게 이루어진 정말 완벽한 물질이다.

모발은 신체내 노폐물 배출 기능과 촉각, 보온, 미의 상징, 남녀구분 역할 등 다양한 일을 한다. 모발은 분명 사멸한 세포들의 집합체이지만 고분자 반응성 물질로 자체 면역력을 갖춘 묘한 물질이다.

많은 외부 충격과 물리적·화학적 변화에도 견뎌내고 일부는 자체 회복 능력도 가지고 있다. 현대 한국인의 모발은 한 가닥에도 신생부, 건강부, 손상부가 모두 존재한다.

모발의 손상 원인은 여러 가지이다. 모발 한 가닥마다 각양각색의 컨디션이 존재하기에 열펌 연화작업은 매우 까다롭다.

모발 자체 면역력을 활용한 연화 방법을 소개한다.

신생 모발은 신생아에 비교하고, 손상모는 노인에 비교하고, 음식은 펌 1제로 비교한다. 아기들이 태어나면 처음 모유를 먹인 후 차츰 이유식·죽·밥으로 조금씩 자주 양을 늘려가며 점차 거친 음식으로 이동해 간다.

반대로 노인들도 소화 능력의 감소로 부느러운 음식을 조금씩 자주 섭취한다. 그러면 펌제는 어떻게 도포해야 하는지 정답은 나와 있다.

모발도 신체의 일부 기관이다. 신생아가 음식을 섭취하듯 신생 모발과 손상모는 조금씩 점차 양을 늘리며 도포해야 하는 것이다. 이 방법이 모발의 면역성을 활용한 펌제 도포 방법의 기본으로 가장 강력한 기술이다.

미용 현장에서는 모발에 적합하지 않은 펌제를 원터치 도포하고 모발 흡수량보다 많은 양을 도포하며 랩핑과 가온 처리까지 한다.

그리고 손상 원인을 과연화라고 미용인 스스로 이야기한다.

모발에 적합한 펌제가 선택되면 가장 끝 모발 손상모부터 모발이 흡수할 수 있는 펌제 양의 30~40%를 먼저 살짝 도포하고 도포 후 깔끔한 0° 빗질로 흐드리진 큐디클을 정리 도포한다. 여기서 0° 빗질은 모류 방향, 즉 머리카락이 자라는 방향을 의미한다.

이때 모발은 오히려 탄력이 생기고 통통해진다. 면역력을 갖춰 좀 더 강한 펌제가 도포되어 견뎌낸다.

신생 모발 역시 적합한 펌제를 모발 흡수량의 30% 정도 살짝 도포하면 역시 탄력이 생기고 통통해지며 면역력을 갖춰 좀더 많은 양의 펌제가 도포되어도 견딘다. 그후 모발에 적합하고 펌 목적에 적합한 펌제를 재도포한다.

가는 연모와 지속적인 새치, 염색모 등에 윤기와 탄력을 갖는 연화를 추구하려면 반드시 모발의 면역력을 활용한 펌제 도포 방법을 활용해 보자.

연화의 성공은 모발이 흡수하는 펌제의 양 조절과 도포된 시간 조절, 펌제의 선택이 성패를 좌우한다.

### ● 2차 재도포 방법과 신선한 펌제 활용법

신생모와 손상모 부분에 자체 면역성을 활용한 1차 도포 후 열펌 목적과 모발에 적합한 펌제를 도포한다.

펌제 도포 후 10~20분 지난 다음 연화를 테스트한다. 이때 원하는 연화가 이루어지지 않으면 보통은 자연 방치를 더 하든지 열처리를 실시한다.

하지만 지금 모발에 필요한 물질은 환원제이다. 이럴 경우 자연 방치나 가열 처리보다 재도포가 시급하다.

모든 펌제는 파우치에서 덜어내는 순간부터 환원제가 대기중 산소($O_2$)에 의해 급속도로 자연산화되어 환원제 양이 적어지기 시작한다.

재도포할 때는 먼저 덜어놓은 펌제를 사용하는 것보다 신선한 펌제를 그때그때 덜어내 사용하는 것이 바람직하다.

보통은 재도포 분량까지 맨 처음 덜어내 사용한다. 이것은 펌제의 효율을 떨어뜨리는 습관으로 꼭 시정해야 한다.

신선한 펌제를 재도포하는 것도 중요하지만 무엇보다 먼저 도포된 펌제를 고운 꼬리 빗이나 양손가락의 장력을 활용해 제거한 후 재도포해야 한다.

먼저 도포된 펌제를 제거하지 않고 재도포하면 기존의 펌제가 신선한 펌제의 침투 경로를 막아 효율성이 떨어지고, 재도포된 펌제의 무게에 의해 신생모가 눌리고 꺾이는 현상이 나타난다.

재도포할 때는 모발이 흡수하는 양을 잘 조절하고, 도포시 모류 방향에 따른 에멀전 작업은 모발의 윤기·부드러움과 큐티클 정리에 도움이 된다.

### ● 펌제 도포시 두상 골격 모류 방향 확인, 1제 도포 후 방치시 모류 방향 처리법

고객이 헤어살롱을 방문하여 열펌 시술을 할 때 예전에 비해 명확한 목적과 요구 사항이 많아졌고, 각자의 개성 표현으로 자연스러운 헤어 스타일을 선호하는 성향이나.

일반적으로 키는 커 보이고, 얼굴은 작아 보이고, 목선은 길어 보이고, 피부는 밝아 보이고 싶은 것이 고객의 심정이다.

이런 고객의 요구 사항을 조금이나마 충족시키기 위해서는 펌 1제 도포 전 반드시 확인할 사항이 있다.

첫째는 두상 골격이다. 둘째는 모류 방향, 제비초리, 가르마 자국, 가마 위치 등이다. 이 모든 것을 확인한 후 펌 1제를 도포해야 한다.

이 세상에 두상 골격과 모류 방향이 똑같은 사람은 단 1명도 없다. 요즘 한창 유행하는 성형 펌이 바로 이를 감안한 기술이다.

한국인의 전반적인 두상 골격 형태는 약간의 좌우 비대칭이 많으며, 정수리 부분이 넓고, 귀에서 귀 포인트로 연결되는 옆통수가 전반적으로 튀어나와 있다.

골든 포인트에서 백 포인트로 연결되는 뒤통수 부분이 납작하고, 양쪽 관자놀이 부분이 급격한 각을 이룬 형태의 골격이 많아 실제 두상보다 더 커 보이는 못생긴 두상이 많다. 한마디로 울퉁불퉁한 두상이 많다.

서양인의 두상은 전반적으로 계란형에 가까워 삭발하여도 예쁜 두상이 많아 한국인보다 우월하게 보인다. 한국인은 모류 방향도 가마 위치에서부터 복잡한 회오리 방향이며, 이마 주변에는 '카우릭'이라고 하는 틀어진 모류가 많은 편이다.

양쪽 네이프(목 뒷부분의 움푹 들어간 부분의 모발) 주변은 제비초리가 있어 모발이 역방향으로 향하는 모발이 많아 뒤 목선이 짧아 보이는 현상도 허다하다.

특히 쇼트커트나 짧은 형태의 모발을 열펌 시술할 때는 두상 골격과 모류 방향의 확인은 전체 디자인을 구성하는 데 매우 중요한 부분이다.

요즘 남녀 다운 펌이 한창 유행이다. 현장에서 시술 과정을 살펴보면 전체 두상 골격을 확인하지 않고 모류 방향을 제대로 못 잡아 떠 있는 모발을 전반적으로 다운시키는 경우가 많다.

이러면 전반적인 두상 골격에 변화가 없어 고객 만족도가 크지 않다.

다운시킬 부분과 볼륨 업이 필요한 부분에 밸런스가 유지돼야 예쁜 다운펌이 완성된다.

정수리 부분은 모발 볼륨을 최대한 살려야 하고, 뒤통수 부분도 가마

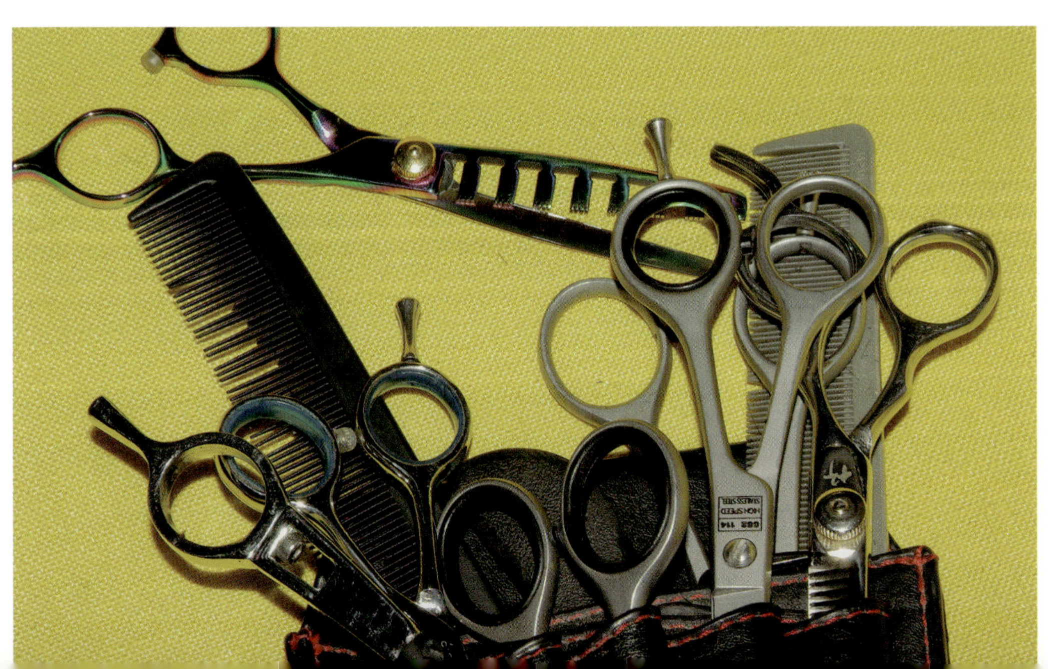

자국을 감추면서 볼륨 업이 최대한 이뤄져야 한다.

옆통수의 튀어나온 골격을 최대한 감춰 약점을 줄이고, 안쪽 관자놀이 부분에 볼륨감이 형성돼야 한다.

그래야 비로소 키는 커 보이면서 두상이 작아 보이는 다운 성형 펌이 탄생한다.

결국 두상 골격 확인과 모류 방향을 활용한 펌제 도포 방법에서 시작되는 디자인이다. 열펌 최고의 기술은 펌제를 도포하는 기술이다.

펌제 도포시 모류 방향 결을 유지한 도포 방법과 도포 후 방치시 볼륨이 필요한 부분은 모류 반대 방향으로 부드러운 모발의 방향 전환이 필요하고, 다운시킬 부분은 모류 방향을 유지하면서 도포한 후 방치해야 예쁜 다운 성형 펌이 완성된다.

두상 골격 교정이 필요한 부분은 모류 교정이 가능한 펌제 양 조절과 두피 근접 도포의 교정이 가능하다. 두피에서 0.5~1㎝ 위에 띄워 바르는 도포로 예쁜 두상 골격을 보완하는 데 어려움이 따른다.

펌제 도포량이 지나치면 모발 꺾임 현상이 발생한다. 예전보다 한국인의 모발에 많은 변화가 찾아왔고, 펌을 하는 정확한 목적과 구체적인 요구 사항이 많은 요즘이다. 좀 더 세밀한 두상 골격 확인과 모류 방향 확인, 자세한 상담이 미용사의 역할이다.


## 펌 1제 도포후 열처리 관계

펌제 도포 후 열기구를 이용한 열처리가 과연 옳은 것인지 불필요한 것인지 생각해 보아야 한다. 펌제 도포 후 열처리는 연화·팽윤·침투 촉진, 시간 단축 등 긍정적인 효과들이 있지만 부작용도 있게 마련이다.

열처리 가열 기구는 드라이기, 히팅캡, 롤러볼, 음이온기, 스팀 열처리기 등이 있다. 또한 예전에 비해 한국에서 생산하는 펌제의 pH가 전반적으로 확연하게 낮아진 상태이다.

좋은 화학물질의 개발과 함께 고 알칼리에서 이루어지던 환원이 고급 환원제의 출시와 품질 향상으로 저 알칼리에서도 더욱 큰 효과를 발휘하고 있다.

한국인의 모발 변화, 가정 필수품이 되어 버린 모발 가열 처리기, 가열을 이용한 세팅기구 등으로 인한 열변성 모발이 일반적이다.

과거의 건강한 모발 상태에서는 일반 롯드 펌에서도 가열 처리는 필수 사항이었지만 펌 1제 도포 후 과도한 열처리는 과연화 현상과 두피 질환의 원인이 될 수 있다.

펌제 도포 후 가열 처리가 필요한 부분은 뒤통수 건강모 부분과 목선 주변의 건강 모발이다.

그러나 가열기구에서 발생된 열이 가장 많이 집중되는 곳은 정수리로 인체 중 열이 가장 많은 데다 두피 부작용이 우려되고 손상모 부분에 열이 노출될 수 있다.

펌 1제에 열이 가열되면 알칼리 활성과 모발의 팽창으로 연화가 촉진되는 장점이 있지만 기구에서 발생된 열이 필요한 부분만 가열되는 장점은 없다.

경험으로 볼 때 열처리가 필요한 건강모 부분은 신선한 펌제를 재도포하고 모류 방향 결을 따라 에멀젼 동작으로 인한 미용사의 체온이 연화를 촉진하고 윤기가 발생되며, 고객과의 친밀성 면에서도 반응이 무척 좋았다.

사람의 체온 36.5℃는 열기구가 대신할 수 없고 건강 모발은 펌제 도포 후 약간의 열처리가 필요하다. 습관적인 가열 처리는 모발을 손상시킬 수 있고 두피 건강을 나쁘게 한다.

과도한 가열 처리로 펌 1제 알칼리의 과팽윤 현상으로 모발 큐티클이 용해돼 환원제의 침투 경로를 막는 현상이 종종 발생된다. 비닐 캡이나 랩핑 처리로 고객의 두피 열을 활용한 가열 처리를 권장한다.

미용인들이 이근태 대표의 시술을 관찰하고 있다.

펌 1제는 흡열 반응 물질이므로 과도한 열처리는 펌제의 특성까지 변질시키는 원인이 되기도 한다. 열처리가 필요한 모발은 가급적 60℃ 이하의 열처리로 모발과 두피의 건강을 보호해야 한다.

말이 없는 펌제도 미용사의 감수성을 전달한다고 생각하는 센스가 필요하다. 좋은 마음으로 펌제를 도포하고, 따스한 마음으로 재도포하고, 미용사의 체온을 고객 모발에 전달하여 연화를 촉신시켜야 한나.

### ● 연화중 돌발 상황 대처법

펌 1제 도포 후 모발 진단에서 발견하지 못했던 돌발 상황이 발생하는 경우가 있다. 이런 상황의 유형들을 보면 다양하다.

그런 뜻밖의 상황에 대한 대처법을 알아본다.

**도포 후 펌제 색상이 보라·핑크색으로 변해 모발이 펌제를 흡수 못하고 튕겨 나오는 현상**

이는 새치 염색을 지속적으로 하는 고객의 모발에서 발생되는 현상으로 가루염색과 블랙헤나 염색에서 나타나는 공통점이다. 염색촉매제 금속성 커플러(철) 성분이 모발에 누적된 상태로 펌 1제의 환원제가 철 성분에 산화되고 있는 상황이다.

두피 자극 완화와 발색에 도움이 되는 염색 촉매제가 환원작용을 방해하는 것으로 전용 샴푸나 pH가 낮은 치오 성분에 펌제를 부드럽게 도포하여 모발에 잔류하는 철 성분 산화 후 본격적인 연화 작업을 시행한다.

**블랙헤나 반복 시술에 의한 모발 경화 현상**

펌제 도포 전 전처리 샴푸 때 따뜻한 물과 세정력이 강한 샴푸를 사용하여 경화된 모발을 연화시켜야 한다.

펌제 도포 때 이런 현상이 발견되면 블랙헤나 제품에 배합된 과붕산나트륨과 염색 촉매제 철 성분을 동시에 제거하는 작업이 필요하다.

펌제 도포량을 줄여 가벼운 에멀전 작업으로 경화된 모발을 부드럽게 풀어 먼저 도포된 펌제를 헹군 후 모발에 적합한 펌제를 재도포해 연화 작업을 한다.

**시스테아민 반복 시술에 의한 경화**

대표적인 경화 현상으로 시술 전 상담과 기록을 확인하여 먼저 사용된 환원제의 종류를 확인하는 것이 우선이다. 시술중 경화 현상이 발견되면 먼저 사용한 펌제의 pH보다 알칼리 비중이 높은 펌제를 사용하면 경화된 시스테아민의 경화는 쉽게 풀어진다.

한 가지 펌제만 지속적으로 반복 사용할 때에 발생되는 현상이다. 모발에 적합한 펌제 선택이 경화현상을 줄일 수 있는 방법이다.

### 부분적 과연화로 인한 자지러짐

대표적인 돌발 상황이다. 부분적인 과연화와 모발에 적합하지 못한 펌제 양의 과다 도포로 발생되는 모발 자지러짐 현상이다.

이런 현상이 발생되면 수분을 보급하여 도포된 펌제를 완화시키려 하지만 수분이 도포되는 즉시 모발의 손상이 가속화된다. 그러므로 모발에 도포된 펌제와 수분을 깨끗한 타월이나 키친타월로 지긋하게 눌러 수분과 펌제를 제거한다.

제거 후 PPT나 LPP를 부드럽게 도포한 후 3~4분 방치하고 나서 모발에 발생된 수분을 제거하고 모발 전체를 최대한 넓게 펼쳐 놓아야 한다.


### 펌제 과다 도포로 인한 모근 꺾임 현상

성수리 부분에 가끔 발생되는 현상이다. 펌제로 인한 꺾인 모발의 회복은 매우 어려운 작업이다.

대부분 모류 방향을 무시한 펌제의 양 과다 도포와 모발에 적합하지 못한 펌제를 도포하면 발생한다.

이런 상황이 일어나면 도포된 펌제를 즉시 제거한 후 모류 방향을 유지한 약간의 장력을 주고, 시스테아민을 살짝 재도포해 모발 경화를 활용한다. 적당한 장력과 재도포 때 시스테아민 펌제 양의 조절이 해결 방법이다.


### 모류 방향을 무시한 올백 형태의 빗질에 의한 옆 머리카락 꺾임 현상

볼륨 매직과 다운 펌을 할 때 짧은 모발에서 자주 발생되는 현상이다. 1제 도포 전 모류 방향을 확인한 후 도포하는 것이 우선이다.

도포된 펌제를 제거하고 모류 방향을 유지한 장력과 가벼운 에멀전 작업으로 와인딩 전에 꺾인 모발을 반드시 교정해야 한다. 습관적인 펌제의 도포 방법과 시술자의 조급함에서 이런 현상이 생긴다.

### 펌제 도포 후 섹션 양이 많은 과도한 빗질에 의한 모발 늘어짐 현상

펌제 도포 후 과도한 섹션 양과 모류 방향을 무시한 빗질에 의해 모발이 늘어나는 현상이다. 두상 위치에 따른 모류 방향, 빗질 각도, 섹션 양을 줄여 빗질을 해야 한다.

두상 전체를 쓸어내리는 빗질은 모발 전체를 늘어지게 하는 원인이 된다. 두상 위치에 따른 0° 빗질이 습관화돼야 한다.


## ● 연화 테스트 방법

펌제를 도포하는 궁극적인 목표는 모발의 모든 부분에 자리하는 시스틴 결합의 일시적 절단이다.

그러나 그 어떤 학자도 펌제가 모발에 도포되어 연화가 진행되면서 어느 부분에 자리하는 시스틴 결합을 절단하는지 명확하게 증명하지 못하고 있다. 시스틴 결합이 절단되는 것은 확실하지만 그 절단 정도를 테스트하는 것은 참으로 힘든 일이다.

우리 미용인들이 모든 감각과 그동안의 경험으로 정확하게 테스트해 내는 것을 보면 대단한 감각이라고 생각한다.

예전에는 모발이 건강한 상태에서 젤인 듯이 늘어나는 인장력으로 연화 테스트가 이뤄졌지만 한국인 모발의 변화로 인해 여러 가지 테스트 방법이 제시돼야 한다. 연화 테스트 방법은 다음과 같다.


### 펌 1제가 도포된 시간으로 테스트한다

펌제가 모발에 도포되어 시스틴 결합이 절단될 수 있는 시간, 즉 환원이 이루어지는 적절한 시간이 필요하다. 환원이 진행되는 최소 시간은 10분이다.

10분 전에 모발이 자지러지는 것은 펌제 양의 과다 도포, 모발에 적합하지 못한 펌제의 알칼리에 의한 과팽윤과 과팽창으로 이어진 것이다.

10분 이상 30분이 경과하면 환원제가 자연 산화되므로 환원제의 최대 작용 시간이다. 도포 후 30분이 경과하면 먼저 도포된 펌제를 살짝 제거한 다음 신선한 펌제의 재도포가 바람직하다.

### 모발 색상으로 테스트한다

펌제가 모발에 도포되면 모발은 밝아진다. 그 이유는 펌제가 모발 내부에 침투하여 멜라닌 색소 간격과 모발 내부 전체를 부풀려 색소 간격이 넓어지며 밝아져 보이는 것이다.

펌제 재도포 때 꼬리 빗에 모발의 색상이 묻어 나오는 현상도 연화가 진행된 상태이다. 가끔 모발색이 투명하게 바뀌는 것은 과연화 상태이다.

이런 경우 즉시 펌제를 제거하여 더 이상 진행을 막아야 한다.

### 냄새로 테스트한다

펌제가 도포되면 환원이 이루어지며 시스틴 결합이 절단되고, 일부 알칼리에 절단된 시스테인이 용해되면서 특유의 유황 냄새를 발산한다.

홍어 삭힌 듯한 마늘이나 생강의 톡 쏘는 특유의 냄새가 올라오면 연화가 진행된 상태이다.

### 촉감으로 테스트한다

연화가 적절하게 이루어지면 모발과 펌제가 잘 어우러져 매끈하고 부드러운 느낌이 있다. 모발에 어색한 느낌이 없고 모발과 펌제가 질 섞여 있는 상태를 유화라고 한다.

### 윤기로 테스트한다

연화가 잘 이루어지면 모발 표면에 윤기가 올라온다. 펌제가 모발에 도포되면 각종 아미노산이 알칼리에 용해되어 모발 표면으로 윤기가

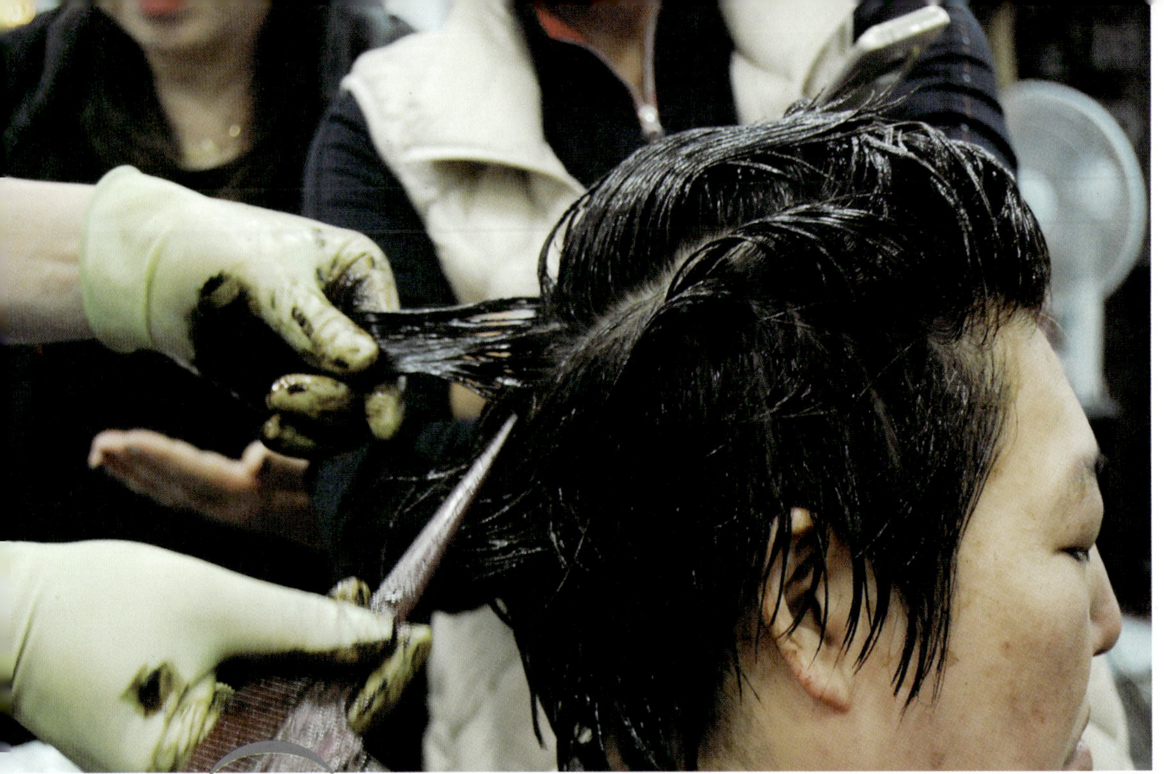



올라와 반짝인다.

연화된 모발에 얇은 롯드를 와인딩하여 5분 정도 방치 후 롯드 아웃 해 롯드 형태가 유지되면 연화가 이루어진 것이다.

결국 당겨 보든 세워 보든 오감으로 테스트하는 것이 최선의 방법이다.

### ● 크리프(Creep)의 중요성과 등전점 채움

연화가 이뤄졌다는 것은 모발이 가지고 있는 3가지 결합 중 가장 강력한 시스틴 결합까지 일시적인 절단이 됐다는 것이다.

시스틴 결합까지 절단되면 모발을 구성하는 90% 이상의 단백질과 아미노산까지 본래의 성질을 잃게 되며, 일부는 용해된 아주 불안정한 과정이 연화 상태이다.

펌 1제의 역할이 끝나고 깨끗한 헹굼만으로 모발은 본래의 모습으로 되돌아오지 않는다. 연화가 끝나고 깨끗이 헹구기 전에 1제 도포 전 상태로 최대한 되돌리고 오히려 전보다 개선된 모발을 보수할 수 있는 과정이 있다.

모발이 좋아하는 물질과 단백질 결합을 이루는 물질을 활용하여 모발에 잔류하는 펌 1제 잔류 물질을 모발 자체 정화 능력과 역삼투압법을 이용해 최초의 모발 상태로 재배열하는 과정을 크리프(Creep)라 명명하고 열펌 과정에 추가한다.

크리프(Creep)의 방법은 각종 아미노산들의 재배열과 절단된 이온결합을 회복(등전점)하고 모발에 잔류하는 유해물질을 헹굼 전에 제거하고 뒤틀린 각종 밸런스를 최대한 회복시켜야 한다.

마침내 연화 테스트가 끝나면 먼저 도포된 펌제는 고운 꼬리 빗과 부드러운 손동작으로 제거한다. 또한 단백질 결합 능력이 있는 시스테아민이나 L-시스테인이 함유된 먼저 도포된 펌제보다 pH가 확연하게 낮은 펌제에 모발의 구성 물질인 PPT나 LPP 탄닌을 석낭량 첨가한 펌제를 조제해 먼저 도포된 전체 펌제 양의 약 30% 정도를 재도포한다.

모발의 비슷한 물질과 상극의 물질이 결합하려는 성질을 이용한 것이 크리프(Creep)이다.

이렇게 도포한 후 5분간 자연 방치하면 모발이 단단해지며 모발 색상이 어두워지고, 약간 거품 형태의 먼저 도포된 펌제가 역삼투압 방식에 의해 모발 표면으로 토해낸다. 이때 탄력과 윤기가 다시 한 번 더 올라온다.

이 과정에서 미연화 부분의 균일한 연화가 이루어지고 컬 늘어짐 현상이 줄어든다. 이처럼 5~10분 자연 방치 후 깨끗한 세척이 필요하다.

모발에 잔류하는 안칸리를 제거하기 위해 pH 컨트롤 제품을 많이 활용하였으나 그 역힐이 크지 않았디.

펌제 침투 능력과 단백질 결합 능력 수축을 활용한 것이 크리프(Creep) 과정이다. 이 과정에서 모발의 등전점에 가까운 이온결합이 회복되고, 잔류하는 유해 물질이 최소화되며 매끈한 질감이 회복된다.

- **연화후 1제 헹굼 방법과 샴푸 목대 세척의 중요성**

연화 테스트와 크리프(Creep) 작업이 종료되면 즉시 도포된 펌제를 깨끗이 헹궈낸다. 헹굼 방법은 우선 모발에 도포된 펌제부터 전체를 깨끗이 헹구고, 부분적으로 얼굴 라인부터 세밀하게 세척하는 것이 손상을 최소화하는 방법이다.

펌을 하려는 목적이 컬을 위한 연화라면 헹굼 방법은 조금 달라야 한다. 펌제를 헹군다는 것은 펌제의 역할이 끝난 의미로 최대한 빨리 깨끗하게 헹구는 것이 원칙이다.

컬을 위한 연화라면 1제를 헹구는 순간부터 물속과 대기 중의 산소에 의해 절단된 시스틴 결합이 재결합을 이루므로 최대한 신속하게 헹궈야 컬 늘어짐을 방지할 수 있다.

세척시 샤워 꼭지 형태의 세척 방법은 산소량 증가로 시스틴 결합의 재결합이 빨라지므로 수도 꼭지 형태의 물 내림으로 세척해야 컬 늘어짐 방지에 도움이 된다.

자연산화를 절대 무시하면 안 된다. 또한 1제 헹굼 때 주의 사항으로 샴푸 도기에 부착된 목대의 깨끗한 세척이 매우 중요하다.

모발에 펌제나 염색제가 도포된 상태에서 누워 세척하므로 자연스레 목대에 염색제나 펌제가 오염된 상태가 많다.

펌제를 깨끗하게 세척하고 반드시 목대를 닦아내고 마무리 헹굼을 실시해야 목대의 오염물질이 모발에 흡수되는 것을 방지한다.

펌제를 얼마만큼 헹궈야 하는지는 최대한 잔류물질이 남아 있지 않도록 헹궈내야 한다. 펌제가 도포된 시간만큼 헹궈야 한다. 그 만큼 깨끗하게 헹궈야 한다는 이야기다.


- **1제 헹굼 때 산성 샴푸 사용법과 필요성**

연화 테스트 후 크리프(Creep) 과정을 거쳐 도포된 1제를 깨끗이 세척한다. 최대한 빠르고 깨끗한 세척이 기본이다.

1제 헹굼 후 양질의 산성 샴푸 사용 여부는 논란의 여지가 좀 있다. 사용하는 것이 좋은지, 아니면 물을 사용한 세척이 옳은지 정확한 정답은 없다.

산성 샴푸를 사용하면 펌제 잔여 물질이 깨끗이 제거되는 효과는 분명하다. 하지만 샴푸가 모발에 필요하지 않은 물질을 선택하여 제거하는 기능은 없으므로 때로는 샴푸 사용 후 부작용도 있다.

모발 상태에 따라 일반적인 건강 모발은 1제를 깨끗이 세척한 후 양질의 산성 샴푸를 사용하는 것이 펌 1제 잔류 알칼리와 잔여 물질을 제거하여 손상 원인을 줄이는 방법이다.

그러나 극손상 모발 연화 후 1제를 깨끗이 헹구고 산성 샴푸를 사용하면 잔류 알칼리나 잔여 화학물질을 제거하는 데 효과적이다.

그러나 산성 샴푸가 알칼리나 잔여 물질만 효과적으로 제거하는 능력이 없어 팽윤된 모발의 구성 물질까지 제거하므로 오히려 펌 유지력을 줄이고 극손상 모발의 원인이 될 수도 있다.

손상 모발은 미온수를 사용하여 최대한 빠르고 깨끗이 세척해야 효과적이다.

매우 건강한 모발은 1차 헹굼 때 알칼리 샴푸를 사용하면 오히려 모발이 부드러워지고 윤기가 올라온다.

모발 상태에 따른 대처 능력을 키워야 한다. 헹군 후 산성 샴푸 사용 여부는 시술받는 고객의 모발 상태에 따라 결정되어야 한다.

산성 샴푸의 사용 여부보다 중요한 것은 펌 1제 잔류 물질이 덜 헹구어진 상태에서 산성 샴푸를 사용하면 모발 내부에 잔류하는 알칼리 성분이 샴푸의 계면 활성제와 보습 성분들을 용해하여 끈적임이 발생할 수 있다. 그래서 반드시 펌 1제를 깨끗이 헹군 후 산성 샴푸를 사용하는 것이 더 효과적이다.

샴푸를 사용할 때 모발의 당김과 강한 압박보다 부드러운 거품으로 세척하는 것이 좋은 알칼리 제거 방법이다. 샴푸를 쓰고 거품이 모발에 잔류하면 중화 작업의 방해요소가 되고 모발에 끈적임 현상이 발생한다.

거품을 최대한 깨끗이 세척한 후 다음 단계를 진행한다. 통상적인 산성 샴푸의 pH는 보통 6~6.5이다.

엄격하게 먼저 사용된 펌제보다는 산성에 속하지만 모발 등전점보다는 상당히 알칼리 쪽에 속하는 pH이므로 모발 등전점 회복에는 분명히 부족한 점이 있다. 제품 선택에 세심한 관찰이 필요하다.


### ● 1제 헹굼 후 2차 클리닉 방법과 종류

연화 과정에서 어느 한 부분이라도 중요하지 않는 과정이 없지만 흐트러진 모발에 균형을 유지하고 채우는 소중한 과정이 헹굼 후 2차 클리닉이다.

어쩌면 전처리보다 더 중요하고 효율적인 과정이 2차 클리닉이다. 모발의 필요한 부분에 적합한 물질을 투입하기 가장 좋은 환경이 연화가 돼 있는 상태이다.

1제를 깨끗하게 헹군 후 모발에 흡수된 수분을 반드시 타월로 말리고 2차 클리닉 제품을 도포한다.

먼저 손상 부분부터 입자가 크고 모발에 탄력을 담당하는 PPT 액상 타입을 도포한다. PPT가 흡수돼 있는 만큼 삼투압 현상으로 수분이 밀려 나온다. 이 수분을 다시 타월로 드라이한 후 크림 타입의 LPP를 재도포하면 윤기가 올라오고 부드러워진다.

세팅펌과 디지털펌은 도포된 클리닉 제품을 헹구지 않고 바로 와인딩해도 되지만 기구 온도가 설정된 아이론펌과 볼륨매직 등은 도포된 클리닉 제품을 미온수로 살짝 헹군 후 수분 조절하여 와인딩한다.

펌의 목적과 연화 정도에 따라 과도한 2차 클리닉은 컬 형성에 방해 요

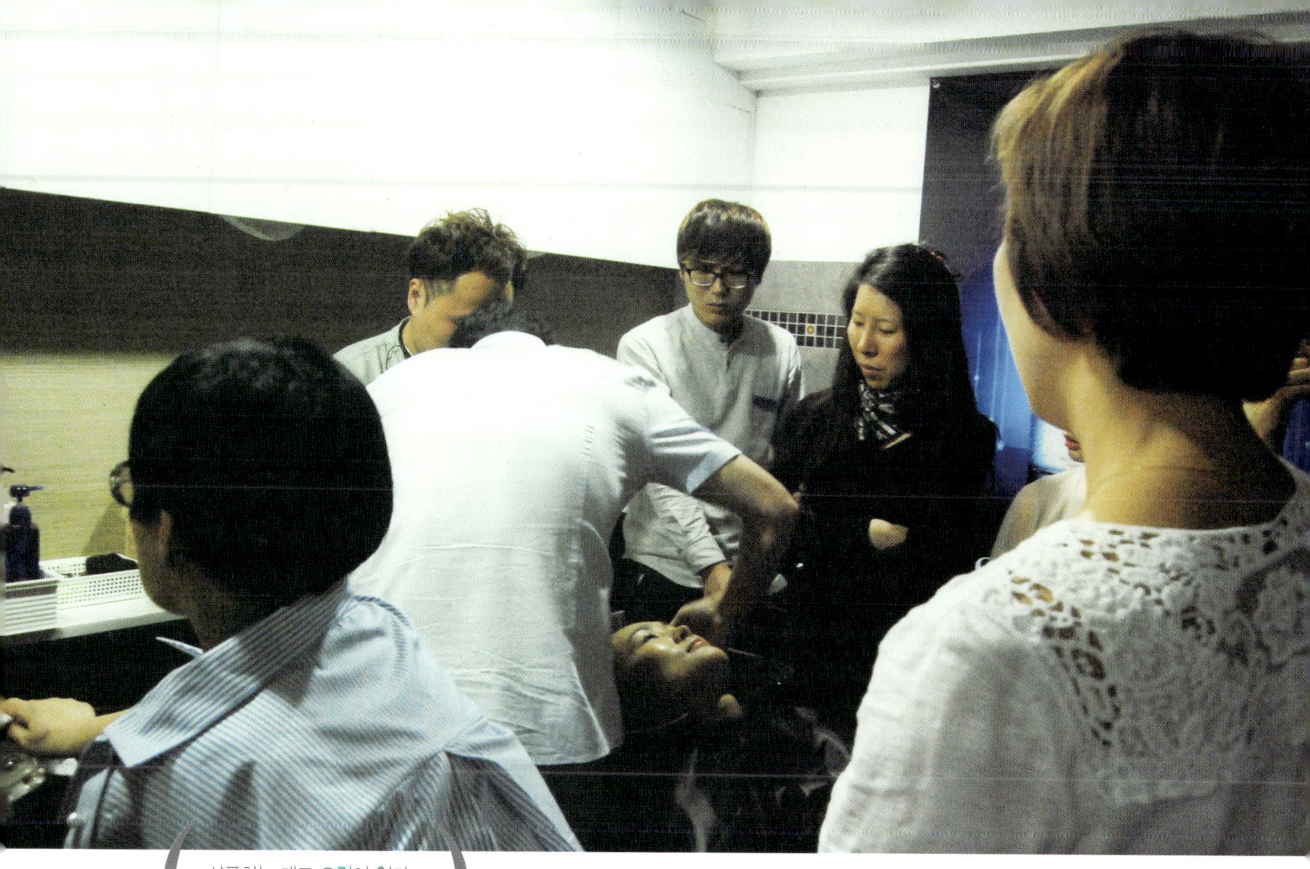


소가 될 수 있다. 2차 클리닉 효과는 채움과 부분적 보수 기능이 가장 큰 역할이며, pH 밸런스를 유지함으로써 윤기와 부드러움의 기초가 된다.

또한 연화 이후 가장 중요한 수분 역할을 2차 클리닉이 담당한다. 일반적인 모발은 샴푸실에서 세척한 후 2차 클리닉을 시술하고, 극손상 모발은 시술 의자에서 세심한 시술로 큰 효과를 발휘한다.

손상 모발은 2차 클리닉 시술 때 모발이 많이 약해진 상태이므로 섹션 양을 최대한 적게 모류 방향과 두상 위치에 따른 빗질 도포로 모발의 피로를 줄여준다. 이때 사용하는 클리닉 제품은 모발 구성 성분에 가장 근접한 양질의 제품을 활용하면 모발 보수에 큰 도움이 된다.

● **2차 클리닉 수분상태 유지와 모류 방향 유지**

2차 클리닉까지 마치고 와인딩 전 수분 상태와 모류 방향 유지 과정

까지가 연화 과정이다.

연화 후 시술자의 마음에 담아두어야 할 손상 예방의 세 가지 원칙이 있다.

첫째는 본래 시술 전 상태보다 좋은 머릿결을 유지하는 것, 둘째는 CMC 보급, 셋째는 큐티클을 정리하여 반사 빛과 부드러움을 유지해야 한다.

열펌은 한번 시술로 영원히 유지되는 것이 아니고 길어야 6개월 정도 유지되는 펌이므로 6개월 후 재시술이 가능한 모발 상태를 유지하는 것이 참 중요하다.

이렇게 2차 클리닉 후 흘러내리는 수분을 꼼꼼하게 타월로 말린 후 와인딩 전에 큐티클 정리와 CMC 보급의 중요한 과정이 남아 있다.

고운 꼬리 빗을 활용하여 두피 쪽에서 모발 끝 방향으로 빗질을 하여 두피 수분과 도포된 트리트먼트를 곱게 정리한다.

이때 습관적으로 모발 전체를 쓸어내리는 빗질을 하는 경우가 종종 있다. 이는 빨리 버려야 할 나쁜 습관이다. 빗질한 모발 끝 부분에 수분 양이 많아지므로 가벼운 타월 드라이나 키친타월로 맺혀진 수분을 제거한다.

수분 제거 후 수용성 오일과 열보호 성분이 함유된 수분 에센스를 또다시 곱게 펴 바르고 다시 한 번 꼬리 빗질을 한다.

이렇게 수분 증발을 억제하고 CMC를 보급하여 큐티클이 정리되며, 수용성 오일이 얇은 피막을 형성하여 자연산화의 원인이 되는 산소차단 과정까지가 연화 과정이다.

수분 에센스까지 곱게 펴 바른 후 디자인 방향을 유지한 모발 방향성이 열펌 고수들의 모발 방치 습관이다. 연화 과정의 성패는 작은 차이에서 결정된다.


● **연화의 절단과 채움**

연화를 잘한다는 개념이 조금은 바뀌어야 한다. 펌제를 도포하는 궁극적인 목표는 시스틴 결합의 절단이다.

하지만 모발의 어느 부분에 존재하며 어느 정도의 시스틴 결합이 절단되는지 명확한 해답 없이 경험과 감에 의존한 연화가 지금도 이루어지고 있다.

이제부터라도 어렵지만 연화의 기본을 마련해야 한다. 같은 모발이라도 고객이 펌을 하는 목적에 따라 분류해야 하고, 무척 다양해진 한국인 모발에 따른 연화의 기본을 새로 짜야 한다.

다양한 모발 상태, 화학 시술 경력, 펌제 특성, 펌 시술 목적, 열펌 시술이 가능한 모발 손상 정도, 디자인 등에 따른 기본이 마련돼야 한다.

단순하게 시스틴 결합을 절단한다는 개념을 넘어 연화 과정에서 모발 결이 개선되고 복구가 가능하며, 꼭 필요한 부분의 시스틴 결합 절단 후 재결합하고 보수까지 실행되는 연화 개념으로 바뀌어야 한다.

기술의 기본화는 매우 어렵지만 기준은 마련되어야 한다.

연화를 다시 한 번 정리하면, 펌제가 모발 내부에 침투하는 경로는 다음과 같이 진행된다.

펌제에 함유된 수분이 큐티클과 큐티클 사이의 CMC를 통해 큐티클 맨 안쪽에 있는 엔도 큐티클이 자기 부피만큼 수분을 흡수하여 팽창한다.

엔도 큐티클이 부풀어 오르면서 자연스럽게 큐티클 전체가 팽창하는 것이다.

열린 큐티클 사이로 수분과 알칼리가 모피질에 흡수되어 모피질과 큐티클에 음이온이 더해져 수소결합과 이온결합이 느슨해진다.

이렇게 수소 결합과 이온 결합이 절단된 사이로 환원제가 침투하여 시스틴 결합이 절단된다.

이 세 가지 결합의 일시적인 절단을 연화라고 한다.

한국인의 모발이 얇아진 관계로 큐티클 또한 얇아져 펌제에 포함된 알칼리로 인해 용해될 우려가 있다. 요즘 한국에서 생산된 펌제의 pH가 전반적으로 낮아진 이유가 바로 그 때문이다.

펌제 도포 때 모류 방향 결에 따라 약간의 장력이 필요한 이유는 큐티클이 이완된 상태에서 적은 양의 펌제로 환원제를 최대한 침투하기 위한 방법이다.

펌제를 도포할 때 여러 가지 원인에 의한 거친 큐티클 징리도 가능하다. 펌제가 도포되어 시스틴 결합이 절단되는 최소 시간은 5~10분이다.

그 전에 나타나는 모발의 자지러짐 현상은 모발에 부적합한 펌제가 모발 전체를 용해시키는 것으로 펌제의 선택과 양 조절에 실패한 것이다.

펌제가 도포되고 20~30분 경과해도 연화가 완료되지 못하면 재도포하는 것이 기본이다. 손상 모발과 신생 모발은 신선한 펌제를 조금씩 자주 재도포하여 모발 자체의 면역성을 활용하는 것이 중요하다.

가늘고 숱이 부족한 모발일수록 두피 볼륨을 형성하면 모발에 질감과 탄력이 생겨 숱이 많아 보이는 장점이 있다.

두피 볼륨은 모류·결 방향으로 펌제를 도포하고 방치할 때 모류 반대 방향으로 모발 방향을 설정해야 볼륨이 형성된다.

볼륨이 필요한 부분은 C컬 형성이 가능한 펌제를 최대한 두피 가까이 도포해야 모류 방향 조절이 가능하다.

과도한 전처리는 오히려 연화에 방해 요소가 되기도 한다.

전처리는 펌제에 혼합하여 사용하는 것이 효과적이며 펌제의 역할과 전처리 제품에 상승 효과를 같이 볼 수 있는 장점이 있다.

연화 테스트 후 도포된 펌제 잔류 물질과 흐트러진 단백질과 아미노산의 재배열, 균일한 연화 촉진 등 크리프(Creep) 과정을 도입하여 건강한 연화를 추구한다.

크리프(Creep) 과정이 마무리되면 도포된 펌제를 신속하게 깨끗이 헹궈낸다. 특히 샴푸 도기의 목대 부분을 한번 더 체크해 헹군다.

모발에 흡수된 수분을 타월로 말린 후 2차 클리닉으로 비워진 부분을 채운 후 알칼리 제거 기능과 CMC 보급 등 큐티클 정리 과정까지가 연화 과정이다. 연화를 많이 본다는 개념은 시스틴 결합을 잘고 균일하게 절단한다는 개념이다.

펌제를 원터치로 도포하지 말고 신선한 펌제를 재도포하는 것인 만큼 열펌 시술 환경이 복잡해지고 고객의 요구 사항이 변화무쌍해지고 있다.

그만큼 미용인의 정성이 더 필요한 시기이다.

# 모발의 수분

## 모발의 수분 종류

모발에 존재하는 수분은 네 가지 종류가 있다. 건강한 모발에 차지하는 수분 양은 10~15% 정도 된다. 모발에 특별한 수분이 존재하는 것이 아니고 수분 역할을 하는 아미노산이 존재하는 것이다.

모발 수분은 결합수(NMF), 흡착수, 침투수, 자유수 등 4종이다.

결합수(NMF)는 생체 활성수, 천연보습인자 유해 성분과 보이지 않는 유해 성분의 침투 억제와 보호작용 조직간 밀착하는 접착제 같은 역할을 한다.

건강한 모발이 본래 가지고 있는 수분이다.

5% 이하의 수분은 케라틴의 친수기에서 화학적인 결합을 해 결합수라고 한다.

25~30% 이상의 흡착수는 모발의 특정 물질과 혼합 연결된 수분으로 단지 흡착된 것에 불과하다.

5~25%의 수분인 침투수는 모피질 통로를 통해 흡착하는 수분이다.

자유수는 열역학적인 운동이 자유로운 수분이다. 건조나 압력에 쉽게 제거 되고, 모발내 자유롭게 이용이 가능한 수분이다.

모발내 수분을 분류하자면 이처럼 4가지로 나눠지지만 흔히 우리가 말하는 수분은 결합수로 이해하면 된다.

결합수는 건강한 모발의 10~15%를 차지하지만 모발이 손상되면 제일 먼저 이 수분 균형이 무너져 건조하고 거친 느낌이 생겨난다.

결합수는 0℃ 이하에서 얼지 않고 끓는 점 또한 110℃ 이상 높다. 대기 중에 잘 증발되지 않고 압력에도 쉽게 분리되지 않는 수분이다.

또한 모발 조직 세포에 둘러싸여 있는 수분으로 모발 내부 조직을 일정하게 작용하고, 피부내 결합수는 피부 건조를 방지하는 역할을 한다.

그래서 우리가 사용하는 각종 클리닉 제품이 결합수와 가장 근접한 수분이다.


## 열펌에 활용되는 수분

열펌 시술에서 모발의 탄력은 증발하는 수분 양에서 결정된다. 열펌에서 모발에 필요한 수분은 모발 자체 수분인 결합수와 근접한 특성을 갖는 클리닉 제품을 2차 클리닉으로 모발 전체 양의 약 10~20% 흡수시키는데, 그 수분이 마르기 전에 와인딩을 끝내야 한다.

연화 테스트 후 연화가 완료되면 크리프(Creep)를 마치고 모발에 도포된 펌제를 신속하게 깨끗이 세척한다. 세척한 후 모발이 흡수하고 흘러내리는 수분을 타월로 말린 다음 모피질내 결합수와 근접한 양질의 PPT와 CMC 등을 도포한다.

먼저 모발에 탄력을 담당하는 액상 타입 PPT를 반드시 손상 부분부터 먼저 도포하고 점차 건강 부분으로 도포해 간다.

손상 부분부터 도포하는 것은 PPT가 모발에 흡수되는 순간 모피질에 있던 1제 헹굼 후 남겨진 오수가 손상 부분에 흘러내리기 때문이다.

모발이 PPT를 흡수하면 모발 색상이 점차 어두워지고 모발에 탄력과 질감이 생성된다. 모발이 PPT를 흡수한 만큼 수분이 밀려 나오므로 그 수분을 타월로 말린 후 모발에 윤기와 부드러움을 주는 CMC 등을 재도포한다.

이처럼 모발은 PPT와 CMC 등을 모발 전체 양의 10~15% 정도 흡수한다.

2차 클리닉을 통하여 흡수된 수분을 활용한 펌이 열펌의 수분 영역이다.

모발이 PPT와 CMC 등을 흡수하면 세팅펌과 디지털펌은 도포된 상태에서 헹구지 않고 적당량 수분 조절 후 와인딩해도 된다. 그러나 아이론펌과 곱슬 교정 매직은 기구 온도가 설정되어 있기 때문에 미온수로 살짝 헹군 후 수분을 조절하며 와인딩한다.

열펌에 활용되는 수분은 연화 후 침투시킨 양질의 PPT와 LPP, CMC 등을 활용한다.


## 수분 조절 방법

모발은 친수성을 가지고 있으므로 수분을 흡수하는 성질이 크고, 보통 상대의 공기 중에서 10·20%의 수분을 함유하고 있다. 세발 직후는 약 30%의 수분을 보유하고 드라이어로 말려도 15% 전후의 물을 흡착한 상태가 된다.

모발의 수분율은 다른 합성섬유와 비교해도 대단히 높은 수치이다. 인체는 항상 다량의 수증기를 땀으로 발산하지만 이 수증기가 피부 표면으로부터 급속히 제거되는 가부는 착용감의 좋고 나쁨과 밀접한 관계가 있다.

흡습성이 적은 합성섬유는 피부 표면에 포화 상태의 수증기층을 바로 만들어 버리므로 표피에서 수증기가 제거되지 않거나 땀으로 피부를 적셔 인체에 불쾌감을 준다.

수분 측정은 일정 온도·습도에서 하지 않으면 수분 양의 많고 적음을 논의해도 의미가 없다. 손상도가 큰 만큼 수분의 유지력은 약해지고 수분 양이 적어지므로 수분 양은 모발 손상두의 요인이 되기두 한다.

선소 모발은 일반석으로 수분 양이 10% 이하일 때를 말하며, 징싱직인 모발보다 흡수량이 많아지며 흡수성 모발이라고 한다. 그리고 흡수성 모발일수록 수분을 많이 빨아들이기 때문에 식별 방법으로 물을 사용해 테스트하기도 한다.

모발의 연화가 진행된 상태와 펌 목적에 따라 2차 클리닉 이후 드라이기 바람보다 깨끗하고 마른 타월이나 흡수력이 좋은 키친타월로 모발 끝부분에 집중된 수분을 지긋이 눌러 흘러내리거나 맺혀 있는 수분을 제거한다.

본격적인 와인딩 전에 타월이나 키친타월을 권장하는 이유는 드라이기 바람이 자칫 모발 내부 모피질에 잔류하는 결합수까지 증발시킬 수 있기 때문이다. 또한 드라이기에서 발생된 바람이 한곳에 머물러 균일한 수분 조절보다 어느 한 부분의 수분이 집중 증발하는 수분 발포 현상으로 손상과 함께 컬의 부분적 늘어짐이 나타날 수도 있다.

요즘 한국 미용기기의 고급화로 미풍이 아닌 찬바람만 나오는 양질의 드라이기가 생산되어 열펌 수분 조절에 많은 도움이 된다.

2차 클리닉 이후 겉도는 수분과 도포된 클리닉 제품의 균일한 배열작업을 꼬리빗으로 마치고 모발 손상 정도와 컬 형태에 따른 모발의 부분적인 수분 조절은 반드시 필요하다.

세팅펌이나 디지털펌은 가장 손상된 모발 끝부분이 강한 열에 노출되므로

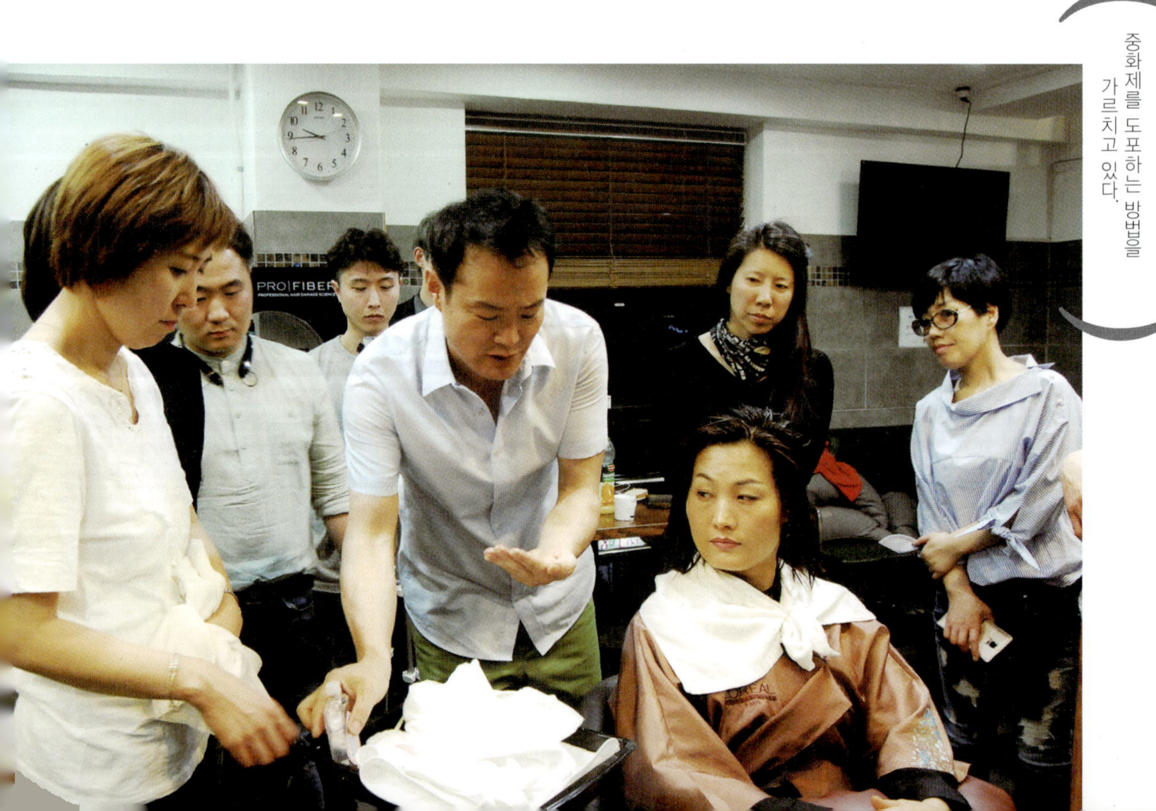

와인딩할 때 건강부보다 수분 양이 적어야 가열시 과열에 의한 모발 변성을 예방할 수 있다.

열량 조절에서 다시 언급하겠지만 같은 온도에서 모발에 잔류하는 수분 양에 따라 모발이 흡수하는 열량은 많은 차이를 보인다.

2차 클리닉 후 타월과 키친타월을 활용해 맺혀진 수분을 제거하고 균일한 꼬리 빗질로 큐티클을 정리하고 수분 증발은 최대한 억제해야 한다.

수분이 마르기 전 와인딩을 끝마쳐야 원하는 탄력과 형태를 성형시킬 수 있다. 맨 처음 와인딩 때 최적의 수분을 맨 나중 와인딩 부분까지 마르지 않도록 수분 증발을 억제시키는 전용 수분 에센스가 필요하다.

와인딩이 끝난 후의 수분 증발은 컬 형태를 유지한 경우이므로 증발 전 와인딩을 끝내는 것이 열펌 수분 조절의 핵심이다.

수분 에센스의 역할은 모발 내부 수분의 증발을 억제하고 모발 내부로 산소를 차단하여 자연산화를 방지한다. 대개 큐티클과 큐티클 사이 CMC 보급이 가능하며 열로부터 모발 보호 기능이 있는 제품을 사용한다.

와인딩 전 모발 전체에 선택된 수분 에센스를 골고루 도포한 후 모류 방향을 유지한 꼬리빗질로 모발 전체를 코팅시키는 작업을 마무리한다.

정리된 수분이 마르기 전에 와인딩 작업이 매우 중요하다.

2차 클리닉 이후 고른 빗질과 키친타월을 이용한 수분 조절이 끝나면 열보호 성분이 함유된 열펌 전용 수분 에센스를 골고루 펴 바른 후 또다시 고운 꼬리 빗으로 큐티클 정리와 모발 전체를 코팅하여 산소를 차단한 수분을 정리한다. 이때 디자인이 설정된 모발 방향이 반드시 유지되어야 한다.

모발에 흡수된 수분이 자연 증발하며 수소결합과 시스틴 결합이 재생되어 원하는 형태 변화가 이루어지지 않기 때문이다.

와인딩이 끝난 형태를 갖추고 수분이 증발해야 원하는 컬의 형태를 얻을 수 있다. 특히 아이론펌을 전문으로 시술하는 미용인의 가장 큰 고민은 모발의 수분을 건조시키려면 잘 마르지 않고 수분을 남겨두려면 빨리 마르는 현상이 발생하는 것이다. 이것이 바로 수분 조절이 힘든 이유이다.

열펌 전용 에센스를 잘 선택해야 수분 증발을 억제하고 수용성 오일이 함유되어야 모발 표면에 얇은 코팅이 형성돼 산소 차단으로 자연산화를 방지할 수 있다.

지용성 오일은 수분 증발을 억제하는 효과가 크지만 중화제 침투가 늦어지고 중화효과가 낮아져 손상의 원인이 될 수 있다.

와인딩 시간이 가장 긴 아이론펌은 처음 와인딩한 부분의 컬 형성이 잘되고, 늦게 와인딩한 부분의 컬 형성이 늘어지는 것은 두 가지 이유 때문이다.

첫째는 먼저 와인딩하는 시간에 늦게 와인딩한 섹션의 수분이 증발하여 수소결합 재결합량이 적어 컬 형성이 안 되는 이유이다.

둘째는 자연 산화 현상이다. 펌 1제를 헹구는 순간부터 물이 가진 산소와 대기중 산소에 의해 시스틴 결합이 빠르게 재결합되었기 때문이다.

이 두 가지 이유 때문에 아이론펌의 연화를 가장 많이 보는 것이다.

열펌 시술시 수분 조절의 가장 큰 기술은 처음 와인딩할 때 적당량의 수분이 맨 나중에 와인딩할 때까지 유지하는 것이다.

여러 가지 방법을 동원하여 수분 증발을 억제해야 한다.

수분 조절 방법은 5가지가 있다.

첫째, 최적의 수분 조절이 끝난 후 와인딩 시간을 최소화한다. 최단 시간에 수분 증발 전 와인딩을 끝내는 것이 최적의 수분 조절법이다.

둘째, 와인딩 순서를 바꾼다. 컬의 형태를 가장 강하게 형성하려는 부분을 가장 먼저 와인딩한다. 고객이 가장 중시하는 부분을 가장 먼저 와인딩한다.

수분이 가장 빨리 건조하는 정수리 부분을 되도록 먼저 와인딩한다.

셋째, 맨 처음 와인딩하기 좋은 상태로 두상 전체를 수분 조절하지 말고 와인딩할 부분을 그때그때 조절하며 와인딩한다.

넷째, 에어컨·히터 등 모발을 건조시키는 열기구 옆에서 와인딩하지 말아야 한다. 살롱 공간 중 습하고 수분이 잘 마르지 않도록 가습기를 이용하여 주변

공기를 습하게 유지한다.

다섯째, 와인딩하다 보면 수분이 증발하는 현상이 발생한다. 건조된 모발에 분무기 수분을 재도포하지 말고 PPT와 수분을 혼합 도포하여 모발 내부 모피질 부분에 수분을 공급해야 한다.

큐티클에 겉도는 수분보다 모발 내부에 수분이 필요하다. 건조된 부분에 수분을 보급할 때 와인딩이 끝난 부분에 수분이 도포되면 모발이 거칠어지므로 특별히 조심해서 부분 보급을 해야 한다.

열펌 시술의 수분 조절 방법 중 가장 중요한 요소는 맨 처음 와인딩할 때 수분을 맨 나중 와인딩이 끝날 때까지 유지시키는 것이다. 열펌에서 모발의 탄력은 수분 증발의 양에서 결정되는 것이다.

# 온도
## (열량 분배 요령)

### <u>열의 역할</u>

열펌 시술 과정을 가만히 살펴보면 생쌀이 밥으로 되어 가는 과정과 동일하다. 적당하게 불린 쌀과 알맞은 크기의 솥, 적량의 수분과 함께 가장 중요한 뜸 과정을 거쳐 맛있는 밥이 만들어진다.

밥을 지을 때 가장 중요한 포인트는 뜸이다. 수분의 역할과 솥의 크기, 열 등이 모두 중요하지만 무엇보다 뜸 과정이 제일 중요하다.

뜸은 충분한 수분과 열이 생쌀에 가열되어 팽윤되고, 끈기가 생기며 여유 수분을 증발시켜 윤기와 탄력을 갖는 중요한 과정이다.

열펌에서 온도(열)의 역할은 펌제에서 수소 결합·이온 결합·시스틴 결합을 절단하고, 크리프(Creep) 과정을 거쳐 깨끗하게 헹군 후 2차 클리닉으로 모발 전체의 10~15% 채워진 수분을 유지하고, 와인딩을 끝낸 후 건강한 모발이 지녀야 할 수분(결합수)을 모발 전체의 10~15% 남기고 더해진 수분을 증발시키는 것이다.

수분이 증발하면서 수소 결합이 강하게 결합하여 모발에 탄력이 생긴다.

일반 롯드 펌과 열펌의 차이점은 중화 때 모발이 건조해진 상태에서 중화하는지 수분이 많이 남겨진 상태에서 중화하는지의 차이점이다.

잘 지어진 밥과 같이 윤기가 있고 적당량의 수분을 가지고 있어야 찰진 밥이 되고 탄력이 생긴다. 밥알이 가지고 있어야 할 수분이 적으면 고두밥이 되고 더 적으면 누룽지로 변한다.

낮은 온도에서 최대한 많은 열량을 발생시키고 그 열로 모발에 남겨진 수분을 증발시키며 형태를 고정시키는 역할을 한다.

낮은 온도에서 많은 열량을 모발에 전달시키는 것이 모발 손상과 열변성 돌연변이 결합을 예방하는 방법이다.

## 열전달 방식

가열된 열이 전달되는 방식은 크게 대류, 전도, 복사 등 세 가지로 나뉜다. 대류는 액체나 기체가 가열될 때 데워진 물질은 위로 올라가고 차가운 것은 아래로 내려오면서 데워지는 것이다. 물이 끓어 전체가 따스해지는 것으로 난로나 에어컨의 온기와 냉기가 퍼지는 것을 말한다.

섬세한 매직기 열펌 시술 과정.



열펌에 美친 아저씨 열펌이 좋아

전도는 물체의 접촉에 의해 열이 이동하는 현상이다. 열 또는 전기가 물체 속을 이동하는 일, 또는 그런 현상을 말한다. 이를 이용한 열기구로 프라이팬, 아이론, 다리미 등이 있다.

복사는 전자기파로 열이 이동하는 현상이다. 물체로부터 열이나 전자기파가 사방으로 방출되는 열이나 전자기파를 일컫는다. 고온의 물체에서 저온의 물체로 직접 전달되는 현상으로 열전달 속도가 가장 빠르다. 햇빛, 난로열, 드라이기, 롤러볼 등처럼 접촉하지 않고 전달되는 방식이다.


## 습열과 건열

습열은 습과 열이 겹쳐진 열이고, 건열은 건조한 열이다.

모발은 건열에서 120℃ 전후로 외관적인 안정을 나타내며 130~150℃에서는 모발이 변색되고, 270~300℃가 되면 탄화되어 분해된다.

또 기계적인 강도는 90~100℃에서 약해진다. 모발의 내부 구조적으로는 150℃ 전후에서 시스틴 단백질의 감소를 보이고, 180℃가 되면 케라틴이 손상된다.

온열에는 100℃ 전후에서 모발의 시스틴 감소를 볼 수 있고, 130℃에서는 10분 사이에 $\alpha$ 케라틴이 $\beta$ 케라틴으로 변화한다. 케라틴이라고 하는 단백질의 변성(단백 변성)은 습도 70%의 경우 70℃에서, 습도 97%의 경우 55℃에서 변성이 시작된다.

드라이나 아이론으로 세팅할 때 상기 내용을 잘 이해한 후 시술해야 한다.

같은 온도라도 모발에 수분이 남겨져 있는 것과 없는 상태에서 같은 온도를 접촉하면 모발이 흡수하는 열량은 많은 차이를 보인다.

사우나에 비교하면 습식 사우나는 40~42℃, 건식 사우나는 70~80℃이다. 실제 온도 차이는 건식 사우나가 30℃ 이상 높아도 습식 사우나가 더 덥게 느껴지는 것은 열을 전달시키는 매개체 수분이 열량을 높인 탓이다.

일반적인 물의 끓는점은 95~100℃이다. 열펌 시술 때 모발에 잔류하는 수분에 따라 모발이 흡수하는 열량의 변화 폭은 상당히 크게 나타난다.

그 이유는 모발에 잔류하는 액체 상태의 수분이 기체 상태의 수증기로 변할 때 많은 에너지를 발생하기 때문이다. 모든 물질은 고체보다 액체의 에너지가 높고 액체보다 기체의 에너지가 높게 나타난다.

모발에 잔류하는 수분이(액상) 열기구 온도에 의해 가열되면서 기체(수증기)로 바뀌면서 열에너지가 발생된다. 이때 발생한 열에너지에 의해 모발이 좀더 강한 고체로 바뀌는 것이다(수소 결합).

같은 온도 50℃라도 액상인 상태와 수증기 상태라면 온도는 같지만 열에너지(열량) 차이는 크게 나타나 수증기가 훨씬 더 덥게 느껴지는 것이다.

2차 클리닉을 통해 모발 전체 양의 10~15% 정도 클리닉 제품을 모발에 침투시키고 그 수분이 마르기 전에 와인딩을 끝내고 열을 가열한다. 이때 가열된 열기구 온도가 모발에 접촉되면서 열에너지가 발생하고, 열에너지에 의해 액상 클리닉 제품이 수증기로 변하면서 모발을 좀더 강한 고체로 변화시키는 것이다. 이때 롯드 형태를 유지한 물리적 변화를 가져오는 것이 웨이브와 컬이다.

모발에 잔류하는 수분에 따라 모발이 흡수하는 열량이 결정되고 열량에 따라 모발의 변화 폭이 커지는 것이다. 현장에서 사용되는 2차 클리닉 제품의 끓는점은 일반 수분보다 더 높은 110~120℃이다. 와인딩할 때 수분이 가장 많은 디지털펌 최고온도를 130~140℃로 설정한 이유이다.

수분과 온도는 밀접한 관계를 이루고 있다. 습열과 건열의 차이를 세팅펌 기기와 디지털펌 기기에 비교한다.

세팅펌 최고 온도는 160℃, 디지털펌 최고 온도는 140℃이다. 세팅펌 롯드는 가열되면 잔열은 오래 머무르고 디지털은 온도가 빨리 오르고 빨리 식어버리는 차이가 있다.

세팅펌 기기의 최고 온도가 높은데도 디지털펌이 컬 형태의 변화 폭이 훨씬 더 큰 이유는 와인딩할 때 수분 양에서 결정된다.

디지털펌 온도 설정이 낮아진 대신 와인딩할 때 수분이 세팅펌보다 2배 이상 수분을 함유한 상태다.

디지털펌 온도는 낮아져 있지만 와인딩할 때 수분이 많아 모발이 흡수하는 열량은 세팅펌보다 많아 모발의 변화 폭이 크게 나타난 것이다.

이는 건열과 습열의 차이와 열량의 차이, 그리고 건열과 습열을 이해해야 한다.

## 세팅펌과 디지털펌 와인딩,
## 수분량 조절과 온도 설정

● **디지털펌** 생산회사에 따라 약간의 차이가 있지만 온도 설정 구간은 70~140℃까지 설정돼 있다. 건강모, 손상모, 극손상모 등 3가지

모드가 있다.

그리고 온도 설정과 시간 설정 기능이 있다. 온도와 시간 설정은 섹션 양과 와인딩 바퀴 수에 따라서 약간의 차이가 있지만 얇은 모발과 손상 모발일수록 건강 모드와 가장 높은 온도를 설정한다.

롯드 온도가 빠르게 오르는 건강 모드에 설정하는 이유는 낮은 온도에서 가온 시간을 길게 설정하는 것보다 초반 수소결합 양을 강하게 형성하여 모발에 형상기억 시스템을 활용하기 위한 것이다. 온도는 높게 가열하고 시간을 짧게 반복 가열하는 것이 컬과 웨이브 형성에 유리하다.

가온 시간 설정을 한번에 10~14분으로 하지 말고, 가장 높은 온도를 설정하고, '3분 열처리 → 3분 자연방치 → 3분 열처리 → 3분 자연방치' 등으로 설정하는 것이 모발 전체에 열이 전달되고 과열에 의한 열변성 돌연변이 결합을 예방힐 수 있다.

물론 롯드의 굵기, 섹션 양, 디자인 형태에 따라 시간 설정과 온도를 다르게 할 수 있다. 디지털펌은 모발 끝부분부터 와인딩하므로 가장 손상이 심한 모발 끝부분은 높은 온도와 열량에 노출되므로 수분을 건강 부보다 적게 파지를 앞뒤 두 장 겹대어 열량을 분배하는 것이 손상을 줄이는 방법이다.

- **세팅펌**　세팅펌 기기의 최고 온도는 160℃로 높게 설정돼 있으며 롯드의 무게가 무거운 것이 장점이자 단점으로 작용한다.

또한 롯드 표면의 세라믹 코팅으로 발생된 열이 원적외선에 의해 모발 깊숙이 전달되는 특징이 있다.

세팅펌 역시 낮은 온도로 가열 시간을 길게 두는 것보다 최고온도를 설성하고 가얼 시간을 최대 5분반 설성해노 모발에 산듀하는 수문은 모두 건조된다. 가열된 롯드가 식을 때 발생한 잔열 사용이 가능한 펌이다.

컬과 웨이브 형성이 어려운 손님의 모발과 가는 모발일수록 섹션 양을 최대한 적게 하고, 롯드 선택은 한 단계 굵은 롯드를 활용하면 짧은 시간에 많은 열량을 모발이 흡수한다.

세팅펌 와인딩할 때 수분은 모발 전체 양의 10~15% 유지하고, 손상모 부분은 건강부에 비교하여 수분을 절반 정도 유지하고, 파지 역시 두 장 겹대어 와인딩하여 열량을 건강부에 분배하는 요령이 요구된다.

디지털펌과 세팅펌 시술시 건강모 부분은 모발 전체 양의 10~15% 정도 수분을 유지하고, 모발 끝부분 손상모 부분은 건강부 수분의 50% 정도 적게 유지되어야 한다. 모발 끝부분부터 와인딩이 시작되고 가장 손상된 부분이 가장 높은 온도에 노출되기 때문이다.

디지털펌과 세팅펌 와인딩 때 모발 끝부분은 일반 파지를 사용하지 말고 양질의 흡수력이 좋은 키친타월을 사용하여 롯드 굵기의 한 바퀴 이상 와인딩이 가능하도록 파지를 제작하여 앞뒤 두 장 겹대어 수분 흡수력과 열량 조절을 하여야 한다.

끝 모발 열변성과 열량 분배에 큰 효과가 있다. 디지털펌과 세팅펌의 와인딩이 끝나고 고무줄 밴딩 때 열량을 분배하기 좋은 상황이다.

와인딩 후 고무 밴드만 한 섹션, 와인딩 후 부직포를 덧대고 고무 밴드한 섹션, 와인딩 후 부직포 덧대고 그 위에 쿠킹호일이나 전용 와인딩 열캡을 덧대고 와인딩한 세 가지 섹션을 같은 양의 남겨진 수분과 똑같은 시간·온도를 설정하여 가열 후 3가지 섹션을 관찰하면 많은 열량의 차이를 보인다.

컬이나 웨이브의 형태를 강하게 형성하고자 하는 부분의 온도를 높이고, 가열 시간을 길게 주는 것보다 롯드에서 발생된 열을 모발이 최대한 흡수하는 방법을 찾아야 한다.

밥을 냄비에 할지 압력밥솥으로 할지 결정해야 한다. 실제 온도는 냄비 밥이 훨씬 높아도 압력밥솥이 상하 온도와 열량이 골고루 잘 전달되어 찰진 밥이 잘 지어진다.

이는 열에너지가 밥솥 전체에 잘 전달되었기 때문이다.

컬의 형태나 웨이브 모발에 탄력을 더 주고자 하는 부분에 와인딩할 때 수분 양을 좀더 하고, 와인딩 후 부직포 위에 쿠킹호일이나 전용 캡을 활용하여 롯드에서 발생된 열을 모발이 재흡수하도록 활용한다.

이렇게 컬의 형태나 강한 웨이브가 요구되는 부분은 온도를 높이고 열처리 시간을 더 주기보다는 열량을 높이는 방법을 찾아야 한다.

쿠킹호일이나 전용 캡을 사용한 섹션은 모든 열처리가 끝나고 약 3분 간 방치 후 쿠킹호일이나 전용캡을 반드시 제거해야 한다. 그 이유는 호일이나 전용 캡에 수분이 맺혀 있어 모발이 재흡수하여 모발이 거칠어 질 수 있기 때문이다.

모든 가열 처리 이후 와인딩이 안 된 긴깅부에 수분이 남아 있으면 드라이기 미풍을 활용하여 수분을 건조한 후 중화해야 한다.

수분이 남아 있는 상태에서 중화하면 거칠어지고 탄력을 상실할 수 있다.

열펌 고수들에게는 공통점이 있다. 고객과의 상담이 구체적이며 펌제는 본인이 도포하고 와인딩할 때 롯드에 모발의 밀착도가 견고하며, 같은 모발 길이에도 상대적으로 굵은 롯드를 사용한다는 것이다.

굵은 롯드와 가는 롯드의 차이점은 열펌 시술에서는 좀 다른 시각으로 보아야 한다. 디지털펌이나 세팅펌은 롯드별 온도를 달리 설정할 수 없고, 굵은 롯드나 가는 롯드의 온도를 같이 설정할 수밖에 없다.

굵은 롯드가 같은 온도에서도 열이 나는 면적(열량)이 많으므로 롯드 선정에 주의가 필요하다.

가는 연모와 손상모일수록 가는 롯드를 선택하기보다 굵은 롯드를 선택하고 온도는 상대적으로 낮추는 것이 컬 형성과 모발 건강에 많은 도움이 된다.

롯드 굵기를 낮추려면 반드시 섹션 양 또한 적어져야 모발이 흡수하는 열에너지가 많아진다. 이렇게 롯드 선택과 꼼꼼한 와인딩이 끝나면 가열할 때 주의할 사항이 있다.

와인딩 각도와 가열처리 후 수분이 증발할 때 각도가 그대로 유지되어야 한다. 세팅펌 와인딩이 끝나고 가열처리 때 와인딩 각도가 유지되지 않고 틀어지면 그 방향 쪽으로 롯드에서 모발에 유격이 생겨 고무 밴드 부분이 꺾인다.

꺾인 부분에 롯드에서 발생된 모든 열이 집중 건조(증발)되어 수분발포현상으로 모발 색 바램과 큐티클 손상이 이루어진다.

압력 밥솥 꼭지에 수증기가 집중되는 현상과 비슷해진다. 꺾인 부분이 수증기 굴뚝 역할을 담당하는 것이다.

롯드에 모발이 밀착되어야 하는 이유도 열량 전달 문제와 유격시 틈새로 수증기의 통로 역할을 하기 때문이다. 모든 열은 아래에서 위로 증발하며 틈새가 생기면 모든 수증기가 그 부분에 집중된다.

아이론펌이 어려운 이유는 완전 밀착된 상태에서 몇 바퀴 와인딩해야 하기 때문이다. 와인딩 각도를 유지한 밀착 와인딩과 롯드 선택이 세팅펌과 디지털펌의 완성을 약속한다.


● **아이론펌 와인딩 방법과 수분 조절법**　　수분과 온도는 밀접한 관계를 유지한다. 열펌 전체 메뉴 중 가장 힘든 기술로 인정받는 분야가 아이론펌이다.

지독한 불황 속에서도 아이론펌 전문점은 연일 호경기이다. 재방문율도 높고 시술자와 시술받은 고객 모두 시술 후 만족도가 매우 높은 매뉴얼이다.

아이론펌이 어려운 이유는 와인딩 시간이 가장 긴 데다 그 시간에 수분이 증발하여 균일한 웨이브와 컬 형성이 어렵기 때문이다.

필자가 수강생들에게 정교한 아이론 시술을 가르치고 있다

아이론펌 와인딩은 연화를 마치고 깨끗이 헹군 후 2차 클리닉을 통해 모발 전체양의 10~15% 수분을 유지하고 와인딩을 마쳐야 한다.

모발에 남겨진 수분이 없으면 열량이 작아 컬과 웨이브 형성이 어렵기 때문이다.

처음 와인딩을 시작해 맨 나중까지 걸리는 시간이 가장 긴 펌이므로 반드시 수분 증발 방지효과가 있는 전용 수분 에센스를 도포한 후 와인딩해야 한다.

모발에 남겨진 수분이 마르기 전에 와인딩을 끝내야 하는 것이 포인트이다. 아이론 기구 온도는 최고 온도가 180℃까지 설정되어 있다. 아이론펌 설정 온도는 보통 110~140℃이다.

롯드 굵기나 섹션 양, 모발 건강 상태와 디자인에 따라 약간의 차이는 있다.

디자인 형태에 따라 컬과 웨이브를 가장 강하게 걸고자 하는 부분을 가장 먼저 와인딩한다.

수분과 자연산화가 가장 적은 부분이 가장 강한 컬과 웨이브가 형성된다. 통상적으로 정수리 부분은 가정 먼저 와인딩한다.

두피 볼륨이 필요한 섹션은 두상 위치 각도에서 110~120° 정도 유지하고 글러브를 내 몸 반대쪽에 유지한 채 왼손에 섹션을 롯드에 감아내리고 글러브를 닫아 밀착시킨 후 약 3초간 수분을 증발시켜 모발에 볼륨을 형성한다.

이때 수분이 수증기로 변해 두피 화상이 염려되므로 공기를 불어넣어 수증기를 분산시켜 와인딩을 계속 한다.

두피 쪽 모발 수분이 증발하면 기구 회전 방향으로 꼬리빗이 가이드 역할을 하고 아이론을 받쳐주어 엄지와 검지를 사용하여 부드럽게 글러브를 회전하여 와인딩한다.

빗살 사이로 모발이 빠져 나오면 다시 꼬리빗으로 모발 정리한 후 반

바퀴 정도 더 회전하여 글러브가 내 몸 쪽으로 향하면 한 바퀴 반이 와인딩된 것으로 그 위치에서 3~4초간 다시 수분을 증발시킨다. C컬 정도의 형태가 유지된 와인딩이다.

아이론펌 와인딩에서 가장 중요한 뜸 위치는 맨처음 두피쪽 글러브 위치의 뜸이며 한 바퀴 반 와인딩 위치의 뜸이다. 롯드 굵기에 따른 강한 C컬 형태의 와인딩 방법이다.

한 바퀴 반 와인딩 후 수분 증발이 확연히 감소되면 나머지 모발을 부드럽게 회전하여 와인딩을 마친다.

회전을 지속하여 와인딩을 마치면 롯드에서 모발에 유격이 생기면서 수분 증발을 멈춘다. 이때 잘 형성된 컬 모양이 유지되도록 공기를 불어넣어 아이론 기구를 탈착하고 모발에 잔류하는 열 제거 후 다음 섹션을 와인딩해 간다.

이이론펌 시술에서 유난히 모발 끝이 거친 이유는 모발 안쪽부터 와인딩하여 모근 부분에 있던 수분이 모발 끝부분으로 밀려 수분 증가로 열량이 높아져 수분 발포현상이 나타나 거칠어진 탓이다.

맨 처음 와인딩할 때 밀려올 수분까지 감안하여 끝부분을 살짝 훑어 수분을 조절한 후 와인딩하여 거칠어지는 현상을 예방해야 한다.

아이론펌 와인딩에서 온도보다 더 중요한 것은 뜸이다. 뜸이 필요한 부분은 컬의 형태가 가장 강한 릿지 부분에 수분을 더 증발시키는 것이다. 많은 숙달 훈련이 필요한 아이론 와인딩 방법이다.

아이론펌을 제외한 다른 펌은 모발 끝부분부터 와인딩이 시작되나 아이론펌의 최대 장점은 모발 안쪽부터 와인딩이 가능하며, 모발 상태와 컬과 웨이브 형태에 따라 수분 증발이 필요한 부분을 더 증발시킬 수 있는 장점이 있다.


### 볼륨 매직과 매직 9가지 와인딩 방법

### 매직기 온도 설정과 모발 내부 수분에 따른 온도 설정

기본적인 매직기의 온도는 잔류 수분과 모발 상태에 따라 차이가 있지만 140~160℃이다. 눅눅한 정도에 수분을 유지한 온도는 최대 150℃ 정도이며, 와인딩할 때 수분이 끓는 칙~ 소리가 나면 수분이 많은 것으로 온도를 10℃ 정도 낮추든지 모발에 남겨진 수분을 조절한 후 와인딩해야 모발이 흡수하는 열량이 같다.


### 와인딩은 되도록 1~2번에 완성

살롱에서 습관적으로 모근 부분을 여러 번 반복 시술하는 경우가 있다. 이는 곱슬 교정이나 모발 교정에 전혀 도움이 안 되는 습관이다.

최초 와인딩하기 전 기구가 지나갈 모발 전체를 고르게 빗질하여 반복시술에 의한 손상을 예방해야 한다. 고온의 기구로 여러 번 반복 와인딩하다 보면 열변성 모발이 발생되고 모발 형태의 변화까지 일어난다.

한번 정해진 와인딩 각도는 끝까지 유지되어야 하고, 왼손에 장력이 유지된 와인딩은 곱슬 교정에 많은 도움이 된다.

특히 섹션 각도를 고객의 어깨 부분으로 떨어뜨리며 하는 와인딩 습관은 모발이 흐트러지는 각도로 여러 번 반복 시술하는 원인이 된다.

한번 정해진 와인딩 각도는 끝까지 상하좌우가 유지되어야 한다. 섹션이 움직이는 방향으로 밑 모발이 틀어지기 때문이다.

열량 분배는 기구의 압력과 와인딩 속도에 따라서 가능하다. 건강 부분의 매직기 가압력이 10이라면 손상 부분은 압력을 점점 풀어 8·7·5~ 정도 조절해야 열에 의한 변성을 예방할 수 있다.

기구 압력과 와인딩 속도에 따라 모발이 흡수하는 열량 차이도 크게 나타난다. 모발 끝부분을 같은 압력으로 여러 번 반복 시술하는 이유는 와인딩의 각도 때문이다.

두상 위치에 따라 와인딩 각도와 섹션 각도, 모류 방향 유지가 볼륨매직과 곱슬 교정의 기본이다.

건강 부분과 손상 부분을 와인딩할 때 기구의 압력은 달라야 하고, 와인딩 속도는 손상 부분을 여러 번 반복하는 시술보다 천천히 충분하게 다림질해야 한다.


## 두피 볼륨 형성 방법

두피 부분의 모발 볼륨은 기본적으로 연화시 모발의 방향 설정이 이루어져야 한다.

두상 각도를 110~120° 유지하고 기구와 와인딩 섹션 각도가 동일하게 하며, 두상을 따라 3~5cm 정도 밀어주어 두피 부분의 볼륨을 형성한 후 곱슬 교정과 컬 형태를 와인딩한다.

두피 부분의 확실한 볼륨이 필요한 모발은 선권 아이론이나 원권 아이론 기구로 볼륨을 형성한 후 볼륨매직 와인딩을 병행한다.

### 섹션에는 왼손 장력 필요

가늘고 곱슬이 심한 모발은 기구의 온도를 높이는 것보다 섹션 양을 줄이고, 상대적으로 넓은 기구를 사용하며, 섹션을 쥐고 있는 왼손의 장력이 매우 중요하다. 와인딩하기 전 섹션에 고른 빗질이 와인딩의 시간을 줄이고 곱슬 교정에 도움이 된다.

### 곱슬 교정 와인딩 때 모류 방향 유지

곱슬 모발의 특징은 모류 방향이 불규칙한 특징이 있다.

펌 1제 도포 때도 모류 방향 유지가 중요하지만 기구 와인딩 때 모류 방향 유지는 모발 방향성과 손질하는 데 편안함을 주고 자연스러운 결 유지의 비법이다. 특히 페이스라인 곱슬 교정 때 모류 방향의 유지는 필수이다.

### 볼륨매직과 곱슬 교정 와인딩 방법

볼륨매직과 매직 와인딩 때 수분은 건조한 모발 상태와 세팅펌 와인딩의 중간 정도 수분을 유지해야 한다. 정확한 수분의 측정은 어렵지만 약간 수분이 있는 듯이 눅눅한 상태가 적당하다.

매직기 온도는 연화 정도와 곱슬 정도에 따라 140~160℃가 곱슬 교정과 볼륨매직 온도로 무난하다.

와인딩할 때 수분이 튀는 칙~ 소리가 나면 온도가 높든지 수분양이 많은 것이다. 이때는 즉시 온도를 낮추든지 수분을 조정한 후 와인딩해야 한다. 열펌에서 수분 조절과 열량 분배에 큰 영향을 미치는 부분이 와인딩의 순서이다.

컬 형성이 강한 부분을 먼저 와인딩하는 것이 수분 조절과 열량 분배 요령이다. 수분이 마르면서 자연산화와 집중력의 차이이다.

같은 온도에서 모발에 잔류하는 수분에 따라 모발이 흡수하는 열량의 차이도 있지만 와인딩할 때 기구 압력 차이에 의해 모발이 흡수하는 열량 차이가 많이 나타난다.

볼륨 매직 시술시 두피쪽 건강부와 모발 끝 손상부 모발 상태와 모량이 많은 차이가 있어 엄격하게는 온도 설정이 건강 부분과 손상 부분이 달라야 한다.

온도 설정이 같은 온도에서 시술하려면 적합한 열량 분배가 이루어져야 곱슬 교정과 손상 부분의 연결이 자연스럽다.

### 볼륨매직 와인딩 컬 형성 방법

볼륨매직의 전체 형태는 커트로 완성해야 한다.

볼륨매직의 가장 중요한 기본은 커트 각도와 1제 두포 · 와인딩 각도가 동일해야 한다.

볼륨매직 와인딩 때 컬 형태를 완성하고자 기구 회전을 컬 형성이 필요한 부분에만 집중하는 경향이 있다. 컬은 베이스와 스템, 루프, 피봇 포인트의 구성 요소를 거쳐 만들어진다.

두상의 형태와 흐름, 커트 형태의 선을 따라 라운드 안에서 부드럽게 루프와 피봇 포인트를 연결시켜야 한다.

컬의 형태를 강하게 이루려는 부분에 수분을 더 증발시키는 뜸 작업이 필요하다.

이를 두고 릿지라고 말한다.

모발 끝부분에 강한 기구로 회전을 가하면 오히려 모발의 방향성을 잃어 정돈이 안 되고 날림과 모발 뒤집힘 현상이 발생된다.

볼륨매직은 C컬 정도의 길이 필요하므로 릿지가 형성되면 모발 끝부분은 오히려 회전을 풀어 끝 모발의 결 정리가 필요하다.

끝 모발은 강한 압력보다는 기구의 압력을 풀어 열량 조절이 필요하며 오히려 와인딩 속도를 늦춰야 결 정리가 완벽해진다.

### 매직과 볼륨매직 곱슬 교정

곱슬 교정은 연화시 펌제로 완성되어야 하고, 기구 가열은 수분 증발로 수소결합을 강화하고 고정 역할을 한다.

1제를 깨끗하게 헹군 후 타월 드라이 상태에서 곱슬의 형태가 남아 있으면 연화가 덜 진행된 상태로 1제를 재도포하여 곱슬을 교정하는 것이 최선이다. 하지만 연화 후 수분이 마르면서 곱슬 형태가 다시 돌아오는 것은 매직기로 교정이 가능하다.

### 구렛나루 · 카우릭 · 제비초리 교정 방법

볼륨매직의 완성이 결정되는 중요 부분이다. 특히 젊은층일수록 구렛나루의 자존감이 크다.

쇼트커트 형태일수록 구렛나루에서 이어 포인트와 넥포인트로 연결되는 라인이 자연스럽게 연결되어야 볼륨매직이 완성된다.

구렛나루와 카우릭, 제비초리는 모류 방향 확인이 교정의 포인트이다.

모류 방향 결을 유지한 펌 1제 도포 때 1차 교정이 이루어져야 하며 커트 형태로 카우릭과 제비초리를 감추는 것이 최선이다.

구렛나루 부분은 모류가 복잡한 형태이므로 모류·결 방향 유지로 뜨지 않도록 다운펌이 정답이다. 카우릭과 제비초리도 펌 1제 도포 때 모류 방향을 유지한 다음 형태를 잡아주고 전용 기구로 고정 작업이 필요하다.

### 가마 자국 교정법

가마 자국은 모류 방향의 시작점으로 곱슬이 가장 많은 부분이다. 교정하지 말고 주변 모발을 활용하여 감추어야 한다.

세밀하게 모류 방향을 확인하고 펌 1제 도포 때 주변 모발을 가마 방향으로 전환시켜 펌 1제도포시 감추는 교정이 필요하다.

펌 시술시 최선을 다하는 모습이
고객을 감동시킨다.

가마자국 주변 모발의 특징은 두피 쪽에 모발이 눌려 나 있는 공통점
이 있다. 펌 1제로 모근 쪽 볼륨을 최대한 형성하고 주변 모발을 가르마
방향으로 설정하여 감추는 것이 최선이다. 가마 방향으로 고정한다. 섹
션 양을 최대한 적게 유지해야 교정이 가능하다.


## 세라믹과
## 원적외선 효과

세라믹은 고온에서 견디는 무기재료 금속과 산소가 견고
하게 공유결합된 산화물이다. 1000℃ 이상에서 소성(굽는)하여 일정한 강도가
유지되고, 전기가 통하지 않고, 매우 강하며 열전달이 잘 되고, 원적외선을 방
출하는 물질이다.

세라믹 히터란 세라믹 안에 히터를 장착한 것이다. 세라믹을 열판 히터에 적
용하는 이유는 세라믹에서 많은 양의 원적외선을 방출하기 때문이다.

고속도로 휴게소에서 젖은 오징어를 굽고 계란을 굽고 있는 것을 목격한다.
계란을 삶을 때는 흰자위부터 익지만 계란을 구울 때는 계란의 노른자위부터
익는다. 그러나 계란을 일반 불 위에 올려놓으면 익지 못하고 터져 버린다.

그런데 불 위에 맥반석을 깔아 놓고 그 위에 계란을 올려놓으면 신기하게 계
란이 노른자위부터 익어 간다. 맥반석에서 발생된 원적외선이 계란 노른자위
부터 열을 전달시켰기 때문이다.

젖은 오징어가 맥반석 위에서 구워지는 이유도 같은 맥락이다. 히터에서 발
생된 열이 맥반석을 데우고 맥반석에서 발생된 원적외선이 열의 긴 파장을 계
란 노른자위 안쪽부터 열을 전달하여 익혔던 것이다.

원적외선은 다양한 산업 전반에서 활용되고 있다. 인체에 가장 유익한 파장
을 가지고 있어 온열 매트와 치료기기 전반에 걸쳐 활용되고 있다.

헤어살롱에서 사용하는 열기구 표면과 히터에 세라믹을 코팅하는 이유는

긴 파장을 가진 원적외선을 다량 방출하여 열을 부드럽고 깊숙하게 전달하기 때문이다.

예전 초창기 매직기와 요즘 세라믹히터와 세라믹코팅 열판을 적용한 기구의 차이점은 같은 온도에서 시술할 때 예전 기구는 모발 표면만 뜨거웠지만 요즘 기구들은 표면은 덜 뜨거우나 원하는 형태가 빠르게 형성되는 차이점이 있다.

원적외선의 긴 파장에 의해 열이 모발 깊숙이 부드럽게 전달되었기 때문이다.

물 속 30℃와 햇빛 속 30℃가 같은 온도인데도 햇볕 30℃가 더 덥고 따뜻한 이유는 햇빛 속 원적외선과 근적외선 · 자외선에 의해 빛과 열이 피부 깊숙이 전달되었기 때문이다.

매직기나 아이론, 세팅펌기기, 롯드히터에서 발생된 열이 열판에서 모발로 전달되는 과정에서 열판 표면에 코팅된 세라믹 코팅에서 방출된 원적외선에 의해 모발 깊숙이 전달되면서 곱슬이 교정되고 컬이 형성되며 연화로 약해진 모발이 강한 수소결합으로 이루어져 탄력이 생기는 것이다.

열펌에서 열이 하는 역할은 연화 후 투입된 결합수와 비슷한 클리닉 제품을 증발시키는 과정에서 곱슬이 교정돼 고정되고 물리적 변화에 따라 컬이 형성되며 모발에 탄력이 생긴다.

히터에서 발생된 열을 모발에 고르게 전달시키고 특유의 깊은 심달력으로 모발 깊숙이 부드럽게 열을 전달시키는 역할을 세라믹에서 발생된 원적외선이 담당한다.

독일 빌헬름빌에 의해 발견된 원적외선은 빛의 파장으로 인체에 유익해 건강 치료에 효과가 있다. 또한 전달력이 빠르고 길며, 눈에 보이지 않고 물질에 잘 흡수된다. 세포 조직이 활성화하고, 공명흡수 현상으로 물 분자가 활성화된다. 자기 발열반응으로 효율적인 기열 기능, 혈액순환 촉진, 제습 · 보습 기능이 있다.

생명 광선이라 하며 인체에 유익한 파장이 있다. 이렇게 인체에 좋은 효과가 있는 원적외선이 우리도 모르는 사이 미용기기에 적용되고 있다.

　　파장이 긴 원적외선이 수분이 많은 인체에 방사되면 피부 속 4~5cm까지 스며든다. 일반 열보다 80배 정도의 침투 깊이를 나타낸다.

### 모발의 유리
### 전이 온도

　　　　　　열펌 과정에서 연화가 끝나면 평상시보다 부드러워져 있고 팽윤돼 있으며, 탄성이 많이 약해져 있는 상태이다. 약간 말랑한 상태의 모발이 탄성을 갖도록 와인딩된 상태로 모발의 물성 변화를 주기 위해 가열하는 것이다.

　　가열되면 말랑했던 모발이 수분 증발하면서 모발이 변화되는 그 시점을 유리전이 온도라 한다. 보통 습열과 건열에 따라 모발의 유리 전이 온도는 차이점을 보이지만 70~110℃ 정도에서 나타나기 시작한다.

　　유리 전이 온도는 플라스틱 사출 때, 원재료를 녹여 성형물을 성형할 때, 그 원재료가 녹기 시작할 때 온도를 말한다. 하지만 모발에 가열이 시작되면 모발은 분명하게 경화되는 시점이 있다.

　　모발이 가열받아 변화되는 그 시점을 모발의 유리 전이 온도라고 말한다.

# 열량 분배와
# 롯드 선택 요령

얇고 손상이 심한 모발일수록 연화 시간두 상대적으로 길어야 하고 펌제도 모발이 흡수하는 양에 따라 재도포가 중요하다. 모발에 탄력을 주려면 와인닝 후 수분 증발량이 많아야 한다.

낮은 온도에서 오랜 시간에 걸쳐 수분을 증발시키는 것보다 롯드의 온도는 빨리 올리고 뜸 시간을 길게 가져가는 것이 모발의 탄력과 형태 고정을 강하게 유지하고 손상을 줄이는 방법이다.

온도가 높아도 열량이 적을 수 있고, 온도가 낮아두 열량이 많을 수 있다.

롯드 굵기와 와인딩할 때 모발에 잔류하는 수분 양과 섹션 양에 따라 다르게 나타날 수 있다.

같은 온도에서 굵은 롯드와 가는 롯드의 차이점은 열이 나는 면적, 즉 열량의 차이다. 일반펌에서는 롯드 굵기를 줄이면 컬의 형태가 강하게 나타나시만 열펌은 조금 차이가 있다.

롯드 굵기가 작아지면 열이 나는 면적이 적이지는 것으로 기열 시간을 늘리든지 온도를 높여야 한다.

열펌 시술시 모든 섹션에 동일한 롯드 굵기를 사용하면 별 다른 문제가 없겠지만 보통 가는 롯드와 굵은 롯드를 혼합 사용하여 와인딩한다. 가는 롯드와 굵은 롯드에 온도를 다르게 설정할 방법도 없다.

모발 한 올 한 올에 똑같은 열량을 분배하려면 고도의 기술이 필요하다. 잔류하는 수분과 롯드 굵기를 잘 활용하면 모발 상태에 따른 열량 분배가 가능하다.

모발 한 가닥에도 끝부분은 대부분 손상 모발이고 세팅펌과 디지털펌은 손상 모발 부분에 가장 강한 열에 노출되는 구조이다.

모발 끝부분은 모근 쪽보다 수분량을 적게 하고 파지를 양쪽 두 장 겹대어 와인딩하여 열량을 분배하고, 건강 부분에는 히팅캡이나 호일을 사용하여 적절한 열량을 분배해야 한다.

컬의 형태를 강하게 설정하고자 하는 부분은 섹션 양을 줄이고 롯드 굵기를 한 단계 더 굵은 롯드를 활용하면 모발에 흡수되는 열량이 많아져 모발에 탄력이 생긴다.

실습을 선보이는 미용실 원장의
솜씨가 예사롭지 않다.

단순하게 롯드 온도를 더 높이고 가열시간을 더 길게 설정하는 것보다 롯드의 열량을 높이는 방법을 찾아야 한다.

곱슬이 강한 모발 교정에도 기구 온도를 높이는 것보다 열이 발생되는 면적이 많은 넓은 기구를 사용하면 낮은 온도에서 열량이 많아져 곱슬 교정이 쉽게 이루어진다.

가늘고 손상이 심한 곱슬 교정 시에도 한 단계 넓은 기구를 설정하고 온도는 조금 낮추는 것이 손상 없이 깨끗한 곱슬 교정의 포인트이다.


## 열펌 기구별
## 열량 분배 요령

디지털펌이나 세팅펌 와인딩 때 모발에 탄력을 수려면 섹션 양을 과감하게 줄이고, 롯드 선정은 한 단계 굵은 롯드를 사용하며, 와인딩할 때 수분 양은 평시보다 좀 더 많아야 한다.

온도 설정은 기구의 가장 높은 온도를 설정하고, 시간 조절은 디지털은 기본 3분과 열처리 후 3분, 자연방치에서 더하고 빼고 이렇게 두 번 정도 반복해서 가열한다.

세팅펌 온도 설정과 시간 조절은 가장 높은 온도를 설정하고 가열 시간은 최대 5분 이내로 설정한다.

온도를 낮추고 가열 시간을 길게 설정하는 것보다 온도를 높이고 가열 시간을 짧게 설정하는 것이 수분 증발에 훨씬 유리하며, 열변성 돌연변이 결합을 예방하는 방법이다.

온도를 빨리 올리고 롯드가 식으며 나오는 열을 이용하여 모발에 남겨진 수분을 증발시킨다. 모발이 강한 열에 오래 노출되면 손상으로 연결된다.

매직이나 볼륨매직은 되도록 낮은 온도를 설정하고 약간의 수분을 남기고 와인딩하여 열량을 높여주고 기구 선택은 좀 더 넓은 기구를 선정하고, 와인딩할 때 모발이 기구에 완전 밀착되도록 섹션을 쥐는 왼손의 장력이 매우 중요하다.

요즘 뜨겁게 뜨고 있는 아이론펌은 와인딩할 때 모발이 기구에 완전 밀착된 상태에서 와인딩이 끝나야 하므로 많은 연습이 필요하다.

아이론 와인딩할 때 강한 컬과 탄력이 요구되면 섹션 양을 과감하게 줄이고 모발에 열이 골고루 전달할 수 있도록 글러브 위치에 따른 뜸 작업이 반드시 필요하다.

와인딩할 때 볼륨 업과 다운은 두상 위치에 따른 와인딩 각도 유지와 균일한 열전달 방법이 큰 비중을 차지한다.

열처리가 끝난 모발에는 건강한 모발이 반드시 가지고 있어야 할 수분을 꼭 남겨 두어야 한다.


## <u>롯드 선택 방법과</u>
## <u>밀착 정도에 따른 열량 차이</u>

같은 온도 130℃를 설정한 10㎜ 아이론과 12㎜ 아이론을 동시에 놓고 같은 모발에 같은 섹션을 두 바퀴 와인딩한 후 중화해 보면 놀라운 일이 벌어진다.

10㎜ 아이론이 강한 컬이 형성될 것 같은데 사실은 아니다. 12㎜ 아이론이 훨씬 탄력 있고 굵은 컬이 형성된다. 10㎜ 아이론과 12㎜ 아이론은 직경(반지름)은 2㎜ 차이지만 둘레 원주율은 6.28㎜의 차이를 보인다.

직경이 1이라면 둘레 원주율이 3.14임은 초등학교 때 배운 수학이다. 롯드 굵기 1㎜가 굵어지면 열이 발생되는 면적은 단순하게 1만큼 늘어나지 않고 원주율 면적 만큼 열량이 많아지는 것이다.

펌 형성이 잘 안 되는 가는 모발과 손상 모발일수록 같은 섹션에서 롯드 굵기를 줄이지 말고 더 굵은 롯드를 설정하고, 롯드 굵기를 줄여야 하는 섹션은 과감하게 섹션 양을 줄여야 모발이 흡수하는 열량이 많아진다.

　　열펌에서 탄력은 수분 증발량에서 결정되고 수분 증발량에 의해 수소결합 재결합 양이 결정된다.

　　열펌 시술 후에 모질이 개선되고, 가는 모발에 탄력이 생기며 윤기가 부여되는 등 모발 건강에 긍정적인 면도 있지만 과열에 의한 열변성 돌연변이 결합과 모발에 건조한 현상이 생기기도 한다.

그 이유는 불필요한 많은 열량과 수소결합의 재결합에 필요한 온도보다 더 높은 온도에 모발이 노출된 이유이다. 항상 불안한 마음에 온도설정을 올리고 가열 시간을 늘렸기 때문이다.

아이론펌 시술에서 컬 형성이 어려운 이유는 와인딩할 때 모발이 기구에 완전 밀착되기 어렵다는 것이다. 다른 열펌 시술 과정보다 롯드 굵기가 얇고 열 흡수 시간이 짧아 컬 형성이 어려운 것이다.

모발의 밀착이 가장 높은 펌은 매직이다. 매직은 와인딩할 때 정확한 밀착과 섹션을 쥐고 있는 왼손의 장력 조절이 가능하여 열량 분배가 용이하다. 밀착 정도에 따라서 모발이 흡수하는 열량은 많은 차이를 보인다.

아이론펌 기구 중 원권 아이론과 선권 아이론을 비교해 보아도 장력이 가능한 선권 아이론이 모발 교정에 수월한 것을 확인할 수 있다. 같은 온도에서 밀착 정도에 따라 모발이 흡수하는 열량 차이는 크게 나타난다.

모발에 남겨진 수분 양에 따라 열량이 다르고, 온도보다는 열량이 많은 롯드 선정과 밀착 정도에 따른 열량 조절, 와인딩 시간에 따른 릿지 설정, 롯드에서 발생된 열량 조절이 열펌 성공의 열쇠이다.

# 중화
## (Perm neutralize)

## 중화제 역할

중화는 열펌 시술의 마무리 단계이다. 가열처리가 끝난 후 롯드에 열이 완전하게 식으면 중화를 실시한다.

중화제 역할은 산소를 발생시켜 시스틴 결합의 재결합, 모발에 잔류하는 1제 알칼리 제거, 변형된 형태 고정 역할, 펌 1제에 의해 팽윤된 모발의 재배열이다.

펌 1제가 도포된 부분에 반드시 2제 중화가 필요하지만 모발에서 흘러내리는 정도에 중화제는 과하게 산화되어 탈색 등 손상의 원인이 된다.

## 중화 방법

펌제와 모발 상태에 따른 중화제가 선택되면 중화를 실시한다, 중화는 특별한 기술이 존재하는 것이 아니고 올바른 중화제의 선택과 펌 1제가 도포된 부분에 적당한 중화제 도포 후 작용시간을 적절하게 조절하는 것이 중요하다.

펌 1제가 도포된 부분에 반드시 2제가 도포되어야 한다. 과하게 도포된 중화는 과산화에 의한 손상 모발의 원인이 된다.

열펌 중화 상황을 살펴보면 모발이 가장 건조한 상태이므로 중화제 흡수가 매우 빠르다. 모발에서 중화제가 흘러내리지 않을 만큼 도포해야 한다.

중화제는 크림 타입과 액상 타입으로 나뉜다. 손상 모발의 중화에서 크림 타입 중화 후 모발이 부드러웠던 이유는 적당량이 도포되었기 때문이다.

손상 모발일수록 과산화수소를 선택하고 크림 타입 중화보다 액상 타입 중화로 미세한 분무 중화를 하는 것이 유리하다. 크림 중화 도포 때 빗질에 의해 손상이 우려되기 때문이다.

분무 중화 때 모발에 이슬 맺힘 현상이 나타나므로 타월을 이용하여 한번 닦아내고 재도포하는 것이 바람직하다.

중화제가 모발 끝부분으로 흘러내려 모발 끝에 맺혀진 중화제는 타월을 이용하여 닦아내는 것이 모발 건강에 도움이 된다.

세팅펌과 디지털펌, 긴 모발 중화 때 중화 받침에 흘러내린 중화제에 모발이 잠긴 상황은 과산화에 의한 모발 건조함과 탈색으로 이어지는 원인이 된다. 중화 받침에 타월을 깔아 흘러내린 중화에 모발이 잠기지 않도록 주의해야 한다.

중화제 전체의 95%는 정제수이다. 과하게 도포된 중화는 모발 손상의 원인이 될 수 있으므로 도포 양에 많은 관심이 필요하다.

중화 도포 때 고객 두피에 중화제가 도포되면 두피 건조증과 모공 속 피지가 결합하여 과산화 지질에 의한 두피 질환과 탈모 원인이 될 수 있다.

그러므로 세밀한 중화와 중화 완료 후 깨끗한 세척이 필요하다.

## 중화제 종류

중화제 종류는 크게 브롬산염과 과산화수소로 나뉜다.

브롬산염은 브롬산나트륨($NaBrO_3$)와 브롬산칼륨($KBrO_3$)를 아우른다.

브롬산나트륨과 브롬산칼륨의 기본적인 작용은 완전 동일하다.

브롬산칼륨은 백색 분말 형태의 원재료이다. 냉수에는 잘 녹지 않고 고온에서 잘 녹는 성질을 가지고 있다. 짜거나 쓴 맛이 있으며, 알코올에 잘 녹지 않는 성질을 가지며, 약 37℃에서 산소를 왕성하게 발생한다.

브롬산나트륨은 원재료가 액상 상태로 판매된다. 브롬산염을 취소산염이라고 일본 제품에 표기하기도 한다. 펌제 표기 성분에는 소듐브로메이드로 표기되는데 식약처 산화제 성분명이다.

브롬산은 pH가 낮은 상태에서 산소를 왕성하게 발생하여 기본 산화시간은 15분 정도이며, 7분 정도 도포 후 먼저 도포된 중화제를 닦아내고 재도포한다.

과산화수소($H_2O_2$)는 수소와 산소의 화합물이며 약산성을 지닌 물보다 점성이 큰 액체이다. 분자 구조가 불안정하여 강한 산화력을 가지고 있으며, 모발의 탈색이나 염료의 탈색 또는 중화제로 활용한다.

쉽게 비유해서 모발의 색소나 세탁물의 오염 물질을 태우는 것이나 다름없다. 치아 미백에도 사용된다.

연화 과정. 연화를 마치고 드라이로 머리카락을 말리고 있다.

열 펌이 좋아
열 펌에 美친 아저씨

과산화수소는 가열하거나 철·구리 같은 금속이 더해지면 물과 산소로 분해된다. 펌 2제에 금속 봉쇄제를 혼합하는 이유이다.

다른 화합물과 결합하면 결정성 고체를 만들어 약한 산화제로 활용된다.

펌 2제가 대표적이며, 쓰고 남은 중화제가 하얀 결정을 보이는 것은 과산화수소의 결정성 고체 탓이다.

피부 소독제로 사용하는 과산화수소는 보통 3~4%를 소독액으로 사용하며 옥시돌이란 약품명으로 판매된다. 펌 2제의 과산화수소 함유량은 각 브랜드마다 차이가 있지만 2~3%를 희석하여 생산한다.

도포 시간은 5~7분으로 한정하고, 그 이상 방치하면 모발 탈색 등 과하게 산화하여 모발의 건조함과 CMC 유출 등 손상 모발의 원인이 되기도 한다.

과산화수소 중화 후 모발에 수분이 생기는 이유는 $H_2O_2$에서 산소(O) 하나가 떨어져 나가 $H_2O$(물)만 남기 때문이다.

과산화수소 중화 때 열이 발생하는 이유는 펌 1제를 깨끗이 세척하지 않아 펌 1제 알칼리와 2제 과산화수소가 만나 강한 산화력을 갖기 때문이다.

1제를 깨끗하게 세척한 후 중화를 도포해야 한다.

## 중화제 선택 요령

어느 때 과산화수소를 사용하고 언제 브롬산을 사용하는지 그 기준부터 살펴본다.

대한민국 식약처 펌제 생산 기준은 pH 9.6이다. 펌 1제가 pH가 9.6 이하이면 브롬산, 펌 1제가 pH가 9.6 이상이면 과산화수소를 사용하도록 권장하고 있다. 이는 단지 기준일 뿐이다.

중화제 자체 pH는 과산화수소 pH 3.5~4.5이고, 브롬산은 pH 4.5~5.5이다.

중화제 자체 pH가 낮다는 것은 모발에 잔류하는 알칼리 제거 기능이 강하다는 것을 의미한다.

과산화수소는 중화 때 모발의 pH가 높았을 때 산소를 많이 발생하고, 브롬산은 중화 때 모발의 pH가 낮았을 때 산소를 많이 발생시켜 중화제 역할이 극대화한다.

중화제 선택 기준이 pH 9.6이지만 중화 때 모발에 잔류하는 알칼리가 많다면 과산화수소 사용, 중화 때 모발에 잔류하는 알칼리가 적으면 브롬산 사용이 적합하다.


## 중화 후 잔류물질
## 처리 방법

와인딩이 끝나고 중화시 고객 두상 뒷부분에서 열이 발생하는 경우가 종종 있다. 특히 브롬산 중화보다 과산화수소 중화시 열이 발생되는 빈도가 많다. 중화시 열이 발생하는 이유는 과산화수소가 과하게 산화되고 있는 것이다.

열이 발생되는 부분이 얼굴 쪽이 아니고 두상 뒷부분에 집중되는 이유는 펌 1제를 깨끗이 헹구지 못하여 잔류 물질이 모발에 남아 과산화수소와 결합하여 열이 발생되는 것이다.

모든 화학처리 후 샴푸 도기에 누워 샴푸하면서 두상 뒷부분을 깨끗이 세척하지 못한 이유이고 중화제를 필요 이상 많이 도포한 탓이다.

클레임은 사소한 것에서부터 발생된다. 펌제나 염색제가 모발에 도포된 상태로 샴푸 도기에 누워 샴푸하면 자연스레 목대 부분에 펌제나 염색제가 흡착한다.

화학 처리 후 샴푸하면서 고객 모발만 세척하고 잔여 화학물질이 흡착된 샴푸 도기 목대를 제대로 헹구지 않아 흡착된 잔여 화학물질이 모발을 다시 오염시킨 탓이다.

이렇게 오염된 모발에 중화제가 도포되면 펌제나 염색제에 잔여 알칼리와 과산화수소가 결합하여 열이 발생했던 것이다.

중화제는 혼자 열을 발생시키지 않는다.

기본적으로는 발열 기능이 있지만 산화 촉진제, 잔류 알칼리 등과 혼합되면 산화력이 가속되어 모발에 열이 발생되는 것이다. 이것을 모발의 활성산소라 한다.

이렇게 발생된 열이 모발의 멜라닌 색소를 파괴하고, CMC를 건조시키며, 모발 내부 결합수(NMF)가 증발하여 모발이 심각하게 건조해지는 현상이 발생된다.

펌 1제가 도포된 부분에는 반드시 2제가 도포되어야 한다. 2제 중화 도포 전 최대한 1제를 깨끗하게 세척한 후 와인딩하고 중화를 진행해야 한다.

모발에 잔류하는 활성산소는 모발 손상의 첫 번째 원인이 되고 고객 두피 질환의 원인이 된다.

맨손으로 중화할 때 미용사의 손등이 부어오르고 건조해지며, 심하면 손등이 갈라져 있는 경우를 가끔 목격한다. 이를 중화 독이라고 한다.

우리 신체의 건강을 해치는 물질이 과산화수소와 브롬산염이다.

펌 1제 도포 후 연화가 완료되면 깨끗하게 세척해야 한다.

중화 후 중화 역할이 끝나면 잔류 중화 역시 깨끗한 세척이 필요하다.

이는 모발 손상의 원인이 된다. 우리 신체에 과산화수소의 역할이 있다.

유해 세균을 분해하는 역할이다.

하지만 필요 이상의 잔류 과산화수소는 신체 내 활성산소가 되어 암 발생 원인의 물질이 된다.

신체내에서 필요 이상의 과산화수소를 제거하는 효소의 촉매 역할을 하는 물질이 있다. 카탈라아제란 물질이다. 우리 신체 내 간과 신장 적혈구에 포함된 물질이다. 간에서 독소를 분해한다는 것은 카탈라아제 같은 효소들이 간에 많이 들어 있기 때문이다.

과산화수소를 상처 부위에 발랐을 때 거품이 나는 것은 혈액 속에 있는 카탈라아제에 의해 과산화수소가 분해되어 물과 산소 기체로 발생되기 때문이다. 이때 상처가 수독되는 것이다.

모발에 잔류하는 과산화수소(중화제) 제거 방법은 적당량 도포, 정확한 도포 시간 조절, 중화 완료 후 깨끗한 세척, 잔류하는 과산화수소 제거가 가능한 홈 케어 처방, 신체내 카탈라아제 역할을 하는 헤마틴 성분이 함유된 트리트먼트 처방 등이다.

손상 후 처방보다 손상 예방이 최선이다. 중화 시간을 마치면 깨끗이 한 번 더 헹구는 것이 무엇보다 중요하다. 아무리 깨끗하게 헹구어도 모발에 중화제가 도포된 시간에 과산화수소와 브롬산은 모발 내에서 자기 세력을 구축한다.

잔류 중화물질이 모발에 잔류하면 펌 1제 잔류 물질과 혼합하여 모발의 구성 물질인 각종 아미노산을 용해시키고, 모발에 윤기와 부드러운 역할을 하는 결합수(NMF)를 증발시켜 모발이 얇아지고 건조해지며 탈색 현상이 발생한다.

신체내에서 과산화수소를 분해시키는 카탈라아제를 모발에 활용하는 것은 불가능하다. 동물 피에서 신소를 운빈하는 헤모글로빈을 신화시거 글로빈이라는 단백질이 변성하여 혈액의 붉은 색소를 담당하는 헤민으로 분리된다.

이 헤민을 알칼리 처리하면 헤마틴이란 물질이 얻어진다.

이렇게 얻어진 헤마틴은 모발에 좋은 역할을 한다. 잔여 화학물질들의 소취

작용이 크며, 케라틴 단백질과 결합 능력이 있으며, 모발 보수와 탄력을 부여하며, 모발에 잔류하는 과산화수소 분해력이 매우 강하다.

헤마틴의 정확한 성분 이름은 '페리프로토포리피린'으로 염색 전용 트리트먼트에 함유되어 있다.

반드시 열펌 시술 후 약 7일 동안 모발 내부에 잔류하는 알칼리 제거 기능이 있는 산성 샴푸와 과산화수소 분해 기능이 있는 트리트먼트 처방이 반드시 이루어져야 한다. 그래서 고객에게 홈케어의 중요성을 꼭 소개해야 한다.

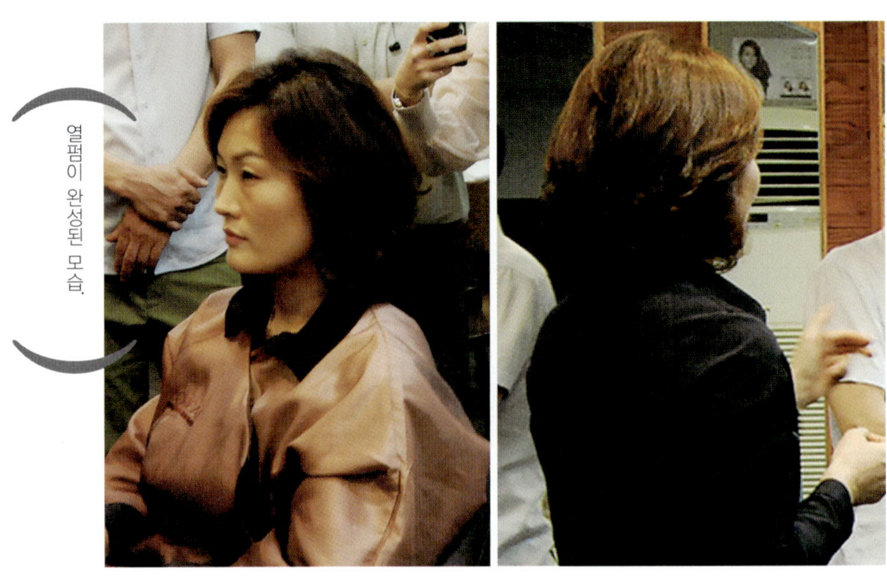

열펌이 완성된 모습.

# 홈케어 소개

열펌 시술 후 모발에 잔류하는 펌 1제 잔류 알칼리와 펌 2제 과산화수소가 잔류할 가능성이 매우 높다. 또한 가열처리에 의한 모발에 난백질 열변형 가능성이 많아 모발이 얇아지고 건조해지는 부작용이 뒤따른다.

모든 시술 과정이 끝남과 동시에 적절한 후처리 시술이 중요하다. 펌 1제나 2제가 도포된 시간에 펌제에 포함된 물질들은 모발 내부에서 각자 영역을 구축한다. 열펌 시술에 반드시 필요한 물질이지만 잔류하면 모발 손상의 원인이 된다.

열펌 1제 처리 후 반드시 제거할 물질이 잔류 알칼리이다. 건강 모발용 1제에 포함된 모노에탄올아민은 잔류 특성이 강하므로 약 7일 정도 제거하는 처방이 반드시 필요하다.

잔류 알칼리를 제거하여 모발이 가장 건강한 상태의 pH 4.5~5.0 등전점을 찾아야 한다. 제거 방법은 매일 사용하는 샴푸부터 알칼리 중화 기능이 있는 산성 샴푸를 추천하고 5일 정도 산성 샴푸을 사용하면 모발이 뻣뻣한 느낌이 강하므로 일주일에 1번 정도는 알칼리 샴푸를 사용하여 뻣뻣한 느낌을 해소해야 한다. 잔류 알칼리 제거는 중요한 생활 클리닉으로 꼭 알아둬야 한다.

모발 내부의 여러 가지 구성 물질들이 펌 1제의 알칼리와 환원제에 의해 손



열펌이 좋아
열펌에 美친 아저씨

실되어 모발이 얇아지는 현상이 발생하므로 PPT, 아미노산, CMC 등을 보급하여 모발 내외부에 등전점과 채움 유지가 가능한 처방을 꼭 소개해야 한다.

펌 2제 잔류물인 과산화수소와 브롬산염은 1제 알칼리와 결합하여 열을 발생시키는 원인이 되므로 처리 후 반드시 제거해야 할 물질이다.

과산화수소 제거에 효과가 있는 헤마틴 성분이 배합된 트리트먼트를 처방하며 모발에 윤기와 부드러움을 유지해야 한다.

고객 모발에 적합한 샴푸와 트리트먼트 에센스 등을 왜 사용해야 하는지 충분하게 설명하고 권장해야 한다.


## 건열·습열에 의한
## 열변성 결합(돌연변이 결합)

드라이기, 헤어아이론, 롤 브러시 등 모발을 말리고 스타일링이 가능한 모발 가열기구는 이제 현대인의 생활필수품이 되어 버렸다.

한국인의 보통 가정의 아침 풍경을 가만히 살펴보면 매우 비슷한 공통점이 있다. 남녀를 불문하고 중학생 이상의 자녀가 있는 집안의 아침은 얼굴 화장 시간보다 모발을 말리며 헤어 스타일링하는 시간이 얼굴 화장보다 훨씬 더 많이 할애한다.

약 20여 년 전부터 미용실의 대표 매뉴얼로 자리한 열펌은 많은 장점을 가지고 있다. 그러나 건강한 모발의 케어도 가능하지만 잘못된 가열처리로 인해 모발 손상의 원인이 되기도 한다.

열기구에 의한 생활 변화와 열펌 활성화에 의해 한국인 모발의 열변성 돌연변이 결합은 일반적인 환경이 되어 버렸다.

겉으로 드러나지 않는 손상이 모발 내부에서부터 심각하게 이루어지고 있다.

모발 진단을 실패하여 열변성 모발에 펌제나 염모제를 잘못 도포하면 심각

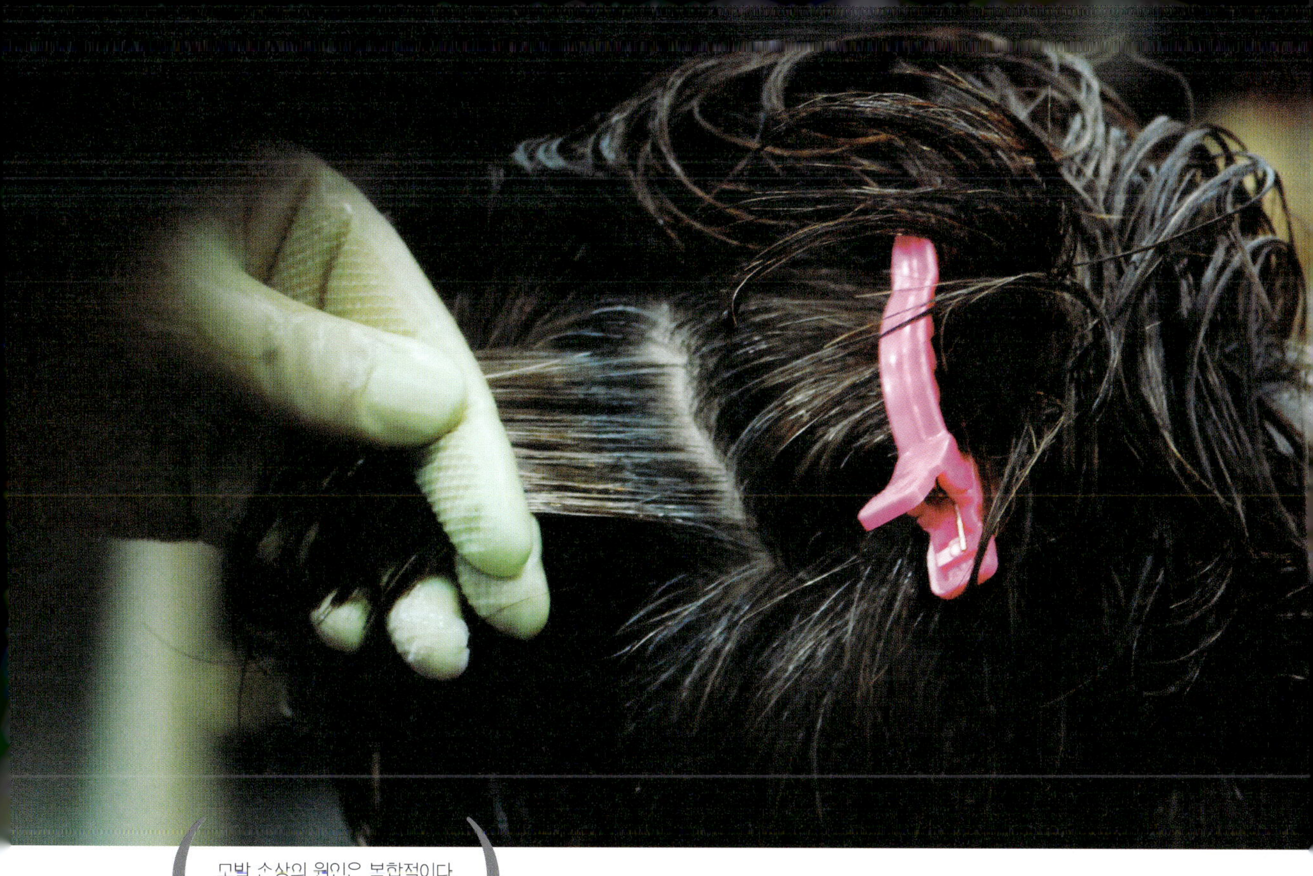



한 모발 손상이 초래되고, 모든 책임은 마지막 시술자와 미용실이 책임을 떠안게 된다. 참으로 난감한 상황이다.

현실은 이런데 학계나 과학자들도 정확한 열변성 모발의 명칭을 정하지 못하고 있는 형국이다. 그나마 다행인 것은 예전 한국인의 모발에 비교하여 열에 의한 내성이 생겨 강한 열에도 비교적 잘 견뎌낼 수 있는 구조로 우리도 모르는 사이에 진화되고 있는 듯하다.

전반적으로 한국인의 모발이 얇아지고 밝아져 있어도 내부 조직은 예선에 비교하여 훨씬 견고해져 있고, 열에 의한 내성도 강해진 것 같다.

각종 화학 처리 후 잔류 물질과 기열기구에 의한 열치리로 인해 모발의 수분 밸런스가 무너지고 pH가 급상승하며 열에 의한 견고한 시스틴 결합까지 손상된 상태를 극손상 모발이라고 한다.

건강한 모발의 세 가지 결합인 수소 결합, 이온 결합, 시스틴 결합 외에 모발의 돌연변이 결합이 한국인의 모발에서 많이 관찰된다.

리시노 알라닌, 란치오닌 등이 그 대표적이다.

이제부터라도 극손상 모발 고객이 살롱에 방문하면 가장 먼저 손상 원인부터 파악하고 제거할 물질과 채워야 할 물질, 유지 방법 등 상담 능력을 갖춰야 한다.

요즘 한국인의 전반적인 모발 손상 원인은 단순하게 한두 가지가 아니고 복합적이다. 그래도 가장 큰 손상 원인을 정확하게 진단해야 예쁜 열펌이 가능하다.

열은 두 가지로 나뉘어 모발에 전달된다.

모발에 수분이 남겨진 상태의 습열과 모발에 수분이 남겨져 있지 않은 상태의 건열이다.

같은 온도에서 모발에 수분이 남겨져 있을 때와 모발에 수분이 남겨져 있지 않을 때의 열량은 무서울 정도의 차이를 나타낸다.

또한 같은 온도라도 기구를 누르는 압력에 따라 모발이 흡수하는 열량도 많은 편차를 보인다.

같은 온도라도 열이 나는 면적(롯드 굵기)에 따라서도 열량 차이는 크다.

열에 의한 손상을 가만히 살펴보면 대부분 습열과 가압으로 인한 모발의 고유 형태 변화까지 목격된다.

드라이기와 고데기를 사용한 스타일링 때 모발이 마른 상태보다 수분이 조금 남겨져 있을 경우 형태 변화가 빠르고 크게 나타나는 이유는 모발이 흡수하는 열량 차이 때문이다.

모발이 가열되면 모발은 반드시 열변성이 나타난다.

열에 의해 모발에 물리·화학적 변성이 오는 시점 온도를 모발의 유리 전이 온도라고 말한다.

가열이 시작되면서 열변성 정도에 따라 일정 시간이 흐른 뒤 원래 상태로 회복되는 변이 정도와 회복되지 않는 정도의 변이 정도를 발표하고 싶지만 아쉽게도 정확한 자료가 없는 것 같다.

어느 논문에 건열은 120℃부터 모발이 팽윤되고, 130~150℃에서 변색이 시작되고, 250~300℃에서는 타서 분해된다고 밝혔다. 모발의 강도는 80~100℃에서 약해지기 시작하며, 시스틴 감소를 보이는 온도는 150~180℃ 이상이 되면 모발의 케라틴 구조가 변하여 단백질 변성이 일어난다는 논문을 읽은 적이 있다.

앞의 건열에서 모발이 열변성되는 온도는 예전에 건강했던 모발을 기준으로 한 것 같다. 예전과 비교하여 한국인의 모발이 열에 의한 내성이 생겼지만 모발이 변성되는 온도는 많이 낮아진 듯하다.

모발이 변성되는 습열과 건열에 유리 전이 온도가 마련되어야 한다.

모발이 열에 노출된 시간에 따라서 변성의 시작점은 달라진다.

적당한 열은 모발 건강에 이롭지만 모발이 견디지 못하는 고온은 모발에 치명상을 초래한다.

습열에 관해서 어렵게 생각하지만 모발이 수분을 흡수한 상태에서 가열하는지, 건조된 상태에서 가열하는지 여부가 습열과 건열의 차이이다.

미용 환경에 밀접한 관계를 맺고 있는 것이 습열과 건열이다.

헤어롤 브러시, 드라이기, 매직기, 습식 매직기, 세팅펌, 디지털펌, 직펌, 아이론 기기 등은 매일 접하는 열기구이다.

습열이 건열보다 모발의 흡수 열량이 많고, 모발의 유리 전이 온도도 습열에서 확연하게 낮은 온도에서 발생한다.

습열은 수분 정도에 따라 차이가 있지만 화학적 시스틴 감소(란치오닌) 결합은 약 100℃ 전후에서 나타나고, 130℃에서는 모발의 케라틴 구조까지 변하는 온도인 것 같다.

디지털펌 기기의 최고 온도가 140℃에 설정된 이유는 케라틴 구조 변성을 최소화하기 위한 온도 설정이다.

예전 초창기의 세팅펌 기기는 최고 온도를 160℃에 설정하고 수분이 남겨져 있지 않은 상태에서 와인딩했던 것은 건열을 생각했던 것 같다.

그러나 예전 세팅펌 시술 후 모발은 열변성 결합이 반드시 찾아왔다.

세팅펌과 디지털펌 기기의 가장 큰 차이점은 세팅펌 기기의 설정온도가 높고 디지털펌 기기가 낮아도 컬 형성이 상대적으로 강하게 나타나는 것은 모발에 남겨진 수분 양의 차이 때문이다.

온도는 낮아도 수분의 양이 많은 상태에서 와인딩하여 모발이 흡수하는 열량이 세팅펌 기기보다 디지털펌 기기가 많았던 이유이다.

모발에 남겨진 수분 양에 따라서 같은 온도에서도 모발이 흡수하는 열량 차이는 매우 크게 나타난다.

모발은 수분이 증발할 때 재결합되는 수소 결합 양에 따라서 탄력이 결정되는 것이다. 열펌이 수분에 밀접한 관계가 있는 이유이다.


- **습열에 의한 손상 모발의 형태**

습열에 의한 손상 모발의 형태를 가장 쉽게 구별하는 방법은 대부분 모발 끝부분에서 나타난다. 특히 아이론펌, 디지털 볼륨 매직 시술 이후 유난히 자주 보인다. 모발 끝부분이 딱딱하게 열변성이 이루어져 있는데도 큐티클이 많이 터져 있는 형태를 볼 수 있다.

전반적인 모발의 모양이 무너져 있는 상태이다. 와인딩 시 모발에 수분이 남겨진 상태에서 와인딩하여 건강부에 잔류하던 수분을 와인딩 기구에 의해 모발 끝부분으로 밀려, 끝 모발의 수분이 집중되어 열량이 많아진 원인으로 수분 발포 현상이 나타나 모발 형태까지 망가진 상태이다.

큐티클이 터져 있는 형태는 수분이 급격하게 증발한 것이다.

디지털펌 시술 후 망가진 모발도 비슷한 모양을 보인다. 손상 모발 부분이 가장 강한 열에 접촉되고 수분 조절을 실패한 탓이다.

건강부와 똑같은 수분을 남겨두고 습관적으로 파지에 물을 적셔 와인딩하는 습관에서 손상 원인을 찾을 수 있다.

같은 온도에서 수분 양에 따라서 많은 열량 차이를 보이기 때문이다.

디지털펌이나 세팅펌 와인딩 때 건강부보다 끝 손상 모발은 수분 양을 절반 남겨두고 와인딩해야 하며, 파지를 앞뒤 두 장 덧대고 와인딩해야 한다. 아이론펌이나 매직 와인딩 때 모발에서 칙하며 물이 튀는 소리가 나면 수분 양이 많은 것이다. 이때는 수분 양을 조절한 후 와인딩하거나 온도를 낮춰야 습열에 의한 열변성 모발을 예방할 수 있다.

## ● 건열에 의한 열변성 모발 구별법

드라이기, 고데기, 롤 브러시, 매직기 등은 홈스타일링과 모발 건조에 사용되는 대표적인 생활용품들이다.

모발에 수분이 남겨져 있지 않은 상태에서 기구를 장기간 사용하면 열변성 모발 손상의 주원인이 되기도 한다.

건열에 의한 열변성 모발 특징은 전반적으로 딱딱한 형태의 소수성을 가지며, 수분을 잘 흡수하지 못하고, 수분 배출 기능도 상실한 모발이다.

전반적인 모발 색상이 검붉은 색이 약간 겉도는 형태이며, 타원형 모발이 눌려 있는 듯 각진 모발의 모양을 보인다.

CMC의 소실로 모발 표면이 거칠고 부드러움이 없으며 딱딱한 느낌이다. 샴푸 사용 시 거품이 잘 일어나지 않으며 수분이 마르는 속도가 빠른 공통점이 있다. 모발 빗질 때 모발에서 서걱서걱하는 소리가 발생한다.

유난히 건조한 형태를 보이며 경화현상이 심하게 나타나면 건열에 의한 열변성을 의심해야 한다. 건열에 의한 열변성 모발은 본래의 형태를 유지한 단백질 경화 현상이 강하게 나타나 자칫 건강한 모발로 오인될 수 있다.

건열에 의한 열변성 모발은 염색 시술 때 색소 중합이 어렵고 얼룩이 발생되며 알칼리에 의한 과팽윤 현상으로 모발이 무너져 버리기도 한다. 그래서 모든 화학 시술 전 정확한 모발 진단이 요구된다.


- **건열과 습열에 의한 열변성 모발 열펌 시술하기**

미용시장에서 탄 머리 복구 펌이 한바탕 휩쓸고 지나간 듯하다.

탄 머리 복구는 불가능한 영역이다.

화학약품과 가열 기구를 활용해 인간의 모발을 재생 복구한다는 것은 참 위험한 발상이다.

큐티클을 정리하고 단백질의 재배열을 활용한 개선은 가능하다.

하지만 열변성 모발을 복구하려 말고 열변성이 되지 않도록 예방하는 것이 최우선이며, 열변성에 이르지 않도록 열에 대한 이해와 적당한 열량 분배 요령을 소개해야 한다.

모발 손상은 한순간에 이루어지는 것이 아니라 손상 원인이 누적되어 마지막에 망가뜨리는 미용실 또는 미용사가 모든 책임을 떠안게 된다.

열변성 모발이 확인되면 펌 시술이 가능한 모발인지 선택된 펌제를 20여 가닥 테스트 도포 후 시술에 임해야 한다.

열변성 모발은 모발 표면보다 모피질 손상이 더욱 심각하다.

겉으로 드러나 있지 않은 손상이 열펌 시술에서 더 두렵다.

반드시 습열에 의한 손상인지 건열에 의한 손상인지 진단하고, 강한 컬이 요구되는 펌보다는 두피 쪽 볼륨을 활용한 바디펌과 롤스트레이트 등 형태 변화가 크지 않은 펌으로 권장하는 것이 바람직하다.

펌제 도포 전 테스트 도포하여 세 가지 유형의 모발이 발생되면 펌 시술을 멈추든지 손상이 심한 부분 펌제 도포 전 키트 후 연화를 시작

해야 한다.

첫째 모발색이 투명하게 바뀌고 모발 모양이 무너지고 거미줄같이 끈적이는 모발, 둘째 펌제 테스트 도포 부분이 ㄱ자로 꺾이는 모발, 셋째 테스트 도포 후 머릿결이 유지되지 못하고 서로 엉겨 붙는 모발은 강한 컬보다는 롤 스트레이트 결 개선 펌으로 권장 상담한다.

아무리 바빠도 테스트 도포 후 모발 진단을 정확하게 확인한 후 펌 시술에 임해야 한다.


● **열변성 모발 더블 연화법**

습열에 의한 열변성 모발보다 건열에 의한 열변성 모발이 열펌 시술에 더 큰 어려움이 있는 듯하다. 건열에 의한 열변성 모발은 큐티클을 비롯한 모발 전체가 경화되어 펌세 침투가 어렵고, 펌세 양 조절과 도포된 시간 조절을 실패하면 모발 전체가 완전히 무너지는 경우가 종종 발생한다.

건열에 의한 열변성 모발은 단단하게 경화된 모발을 부드럽게 연화하는 것이 첫째 순서이다. 모발의 면역성을 활용한 약~중~강, 이렇게 펌제를 순차적으로 흡수량과 연화 정도를 확인 분사 도포한다.

이어 경화가 풀리면 먼저 도포된 펌제를 살짝 걷어내고 모발과 근접한 성질의 단백질을 공급하고, 아미노산 결합 능력이 있는 시스테아민을 환원제로 사용한 펌제에 탄닌과 PPT 등을 적절하게 혼합하여 크리프(Creep)와 더불어 더블 환원법을 동시에 병행한 연화 방법을 적극 추천한다.

처음부터 무리하게 펌제를 도포하지 말고 모발이 흡수하는 펌제 양 조절과 재도포가 성패를 좌우하며, 펌제 재도포 시 모발의 변화를 자세하게 관찰해야 한다.

단단한 모발에 열변성 경화를 풀고 모발에 근접한 단백질을 공급하고 다시 모발 전체를 경화시키는 더블 환원 방법이다.

건열에 의한 열변성 모발은 컬의 형태가 강한 스타일보다 모근 뿌리 볼륨을 활용한 C컬 형태의 롤 스트레이트 모질 개선 펌을 권장하는 것이 바람직하다. 또한 되도록 끝부분 열변성 모발은 펌제 도포 전 커트 후 도포해야 좋다.

열변성 모발 열펌 시술의 90%는 연화에서 성패가 결정된다.

모발의 형태를 갖추어진 상태까지 단단한 경화를 풀어야 한다.

자칫 도포 양이나 적합하지 않은 펌제 양 조절이 실패하면 모발의 형태가 완전히 무너지는 경우가 빈번하다. 모발 전체의 형태는 무너지기 시작하면 급격하게 진행돼 되돌릴 수 없는 상황이 발생되기 때문이다.

1차 연화와 크리프(Creep)를 병행한 2차 환원이 이루어지면 신속하고 깨끗이 헹궈야 한다.

깨끗하게 헹군 후 모발에 잔류하는 수분을 제거하고 2차 클리닉을 PPT → CMC 순으로 실시하여 모발에 탄력과 부드러움, 윤기, 큐티클 정돈을 해야 한다.

2차 클리닉 방법은 헹군 후 잔류하는 수분을 제거하고 모발의 탄력과 내부구조적 결합이 가능한 PPT를 먼저 도포하고 윤기와 큐티클 정돈이 가능한 LPP나 CMC를 보급한다.

디지털펌이나 세팅펌은 2차 클리닉 후 헹굼 없이 수분 조절하여 와인딩해도 가능하다.

아이론펌이나 매직 볼륨 매직 등은 온도가 설정된 상태에서 와인딩하므로 모발 표면에 도포된 클리닉 제품을 살짝 헹군 후 와인딩해야 한다.


● **열변성 모발 연화 후 수분 조절 방법**

2차 클리닉 후 보급된 PPT나 CMC가 마르기 전 와인딩을 끝마치는 것이 열변성 모발 수분 조절 방법의 핵심 요소이다.

2차 클리닉 후 모발에서 흘러내리는 수분을 마른 타월이나 키친타월을 이용하여 제거한다. 이어 아주 고운 꼬리 빗으로 두피 안쪽에서 모발 끝부분을 향해 두상 위치와 모류 방향을 유지한 0° 빗질로 두피 가까이 건강한 모발에 잔류하는 수분을 모발 끝부분으로 정돈해 빗어낸다.

아이론펌 와인딩 때 어느 특정 부분에서 칙 소리가 나며 수분이 강하게 증발하는 현상이 발생한다. 원인은 2차 클리닉을 통해 PPT나 CMC를 보급하여 이 수분을 증발시키며, 수소결합을 강하게 재생시켜야 하나 클리닉 제품이 도포되지 않은 부분에 일반 수분이 강하게 증발하며 칙 소리가 나며 수분 발포 현상이 발생된 것이다.

일반 수분과 클리닉 제품의 끓는점이 다르기 때문이다. 2차 클리닉 후 꼼꼼한 꼬리 빗질이 클리닉 제품을 균일하게 배려하고 들뜬 큐티클을 정리하며, 모발에 피막이 발생하여 산소를 차단시켜 자연산화(중화)를 예방하는 중요한 과정이다.

펌 1제를 헹구는 순간부터 모발에 수분이 증발하며 수소 결합이 재결합을 이루고 물과 대기 중 산소에 의해 절단된 수소 결합과 시스틴 결합이 급속도로 재결합을 이루게 된다.

먼저 와인딩한 섹션은 강한 컬이 형성되고 나중에 와인딩한 섹션이 컬이 늘어지는 이유는 수분 증발과 자연산화 현상 때문이다. 그러므로 최적의 수분을 맨 끝에 와인딩할 때까지 유지시키는 것이 중요하고 열변성 모발과 열펌 시술에서 수분 조절의 핵심 기술이다.

수분 증발을 억제하고 자연산화를 예방하는 물질은 당연히 수용성 오일이다. 2차 클리닉 후 꼼꼼한 꼬리빗으로 보급된 클리닉 제품을 균일하게 배열시키고 수용성 오일과 수분 에센스를 혼합 재도포하여 수분 증발과 산소를 차단하여 자연산화를 막아야 한다.

이렇게 수분 조절이 끝나면 제일 중요한 부분, 수분이 가장 빨리 마르는 부분, 컬 형성이 가장 강해야 하는 부분을 제일 먼저 와인딩하는 것이 수분 조절의 첫 번째 테크닉이다.

에어컨과 히터 앞에서 와인딩을 삼가고, 미처 와인딩하지 못한 부분이 건조되면 일반 수분을 공급하지 말고 PPT와 수분을 혼합하여 맨 처음 상태로 수분을 공급한 후 와인딩한다.

열변성 모발에 대한 열펌 시술의 모든 과정은 한순간마다 변수가 발생하므로 세심한 관찰이 필요하다.


**● 열변성 모발 열펌 시술시 열량분배 요령**

열변성 모발 열량분배 요령은 기본적으로 롯드 굵기가 한 단계 더 굵은 롯드를 선정한다.

같은 온도에서 굵은 롯드가 열량이 더 많이 발생되기 때문이다.

가는 롯드에서 가열 시간과 온도는 낮고, 가열 시간을 길게 설정하는 것보다 손상 모발과 가는 모발일수록 한 단계 더 굵은 롯드를 선정한다. 섹션 양을 과감하게 줄이며, 온도는 높고 가열 시간은 짧게, 뜸 시간을 길게 설정하는 것이 모발의 흡수 열량이 높아 모발에 탄력과 윤기를 많이 준다.

158
159

디지털펌이나 세팅펌은 롯드 굵기로 온도를 달리 설정할 수 없어 섹션 양과 롯드 굵기, 와인딩 시 장력과 모발에 남겨진 수분 양에 따라 열량을 조절해야 한다.

낮은 온도에서 가열 시간을 길게 설정하는 것보다 높은 온도에서 가열 시간은 짧게, 뜸 시간을 길게 설정하는 것이 강한 컬 형성과 열변성을 예방하는 방법이다.

2차 클리닉을 통하여 보급된 수분을 건강한 모발이 본래 보유한 수분은 남겨두고 증발시키는 것이 열펌에서 열의 역할이다.

이 수분이 증발하면서 수소 결합이 강하게 재결합하여 모발에 탄력이 생성되는 것이다.

롯드 굵기에 따라, 섹션 양에 따라, 모발에 잔류하는 수분 양에 따라, 와인딩 바퀴 수에 따라, 와인딩 시 밀착 정도에 따라 모발이 흡수하는 열량의 차이는 크게 나타난다.

기구 온도를 높이고 가열 시간을 길게 설정하는 것보다 낮은 온도에서 최대한 많은 열량을 높이는 방법을 찾아야 한다.


**열변성 모발 열량 분배 요령 중 낮은 온도에서 열량을 높이는 방법**

❶ 와인딩 시 모발에 남겨진 수분, 수분 증발량에 따라 모발에 탄력이 발생되므로 모발에서 흘러내리지 않을 정도의 수분을 보급한 후 와인딩을 마친다.

❷ 와인딩 시 롯드의 밀착 정도에 따라서 모발이 흡수하는 열량 차이는 크다. 최대한 밀착시켜 와인딩하는 것이 열량을 높이는 방법이다.

❸ 높은 온도에서 가열 시간을 길게 설정하면 가장 손상 부분에 열이 집중되므로 가열 시간을 나눠 설정하고 롯드가 식으며 발생되는 것을 활용하여 수분 증발시키는 방법을 활용한다.

❹ 가는 롯드와 굵은 롯드는 온도가 같아도 열이 발생되는 열량은 큰 차이를 보인다. 그러므로 한 단계 더 굵은 롯드를 선정한다.

❺ 섹션 양에 따라 열량은 큰 차이를 보이므로 손상 모발과 가는 모발일수록 섹션 양을 적게 설정한다.

❻ 롯드에서 발생된 열을 재활용한다. 낮은 온도에서 높은 열량을 얻을 수 있도록 와인딩 후 히팅 캡이나 호일을 사용하여 와인딩된 롯드와 모발을 감싸 증발하는 수증기를 가둬 모발의 열량을 높여준다.

## 모발의 산성화

일상생활이 되어 버린 염색 시술 후 모발이 얇아지고 심각하게 건조해진 상태의 모발을 '모발의 산성화'라고 한다.

주로 홈염색과 염색방 염색 시술 경험이 있는 모발에서 자주 발생되는 모발의 돌연변이 산성화이다. 모발이 산성 쪽으로 기운다는 것은 모발의 수분이 적어지고 딱딱하게 굳어지는 것을 의미한다.

그러나 새치 염색과 멋내기 염색을 자주 시술하는 모발의 pH는 상당히 알칼리 쪽으로 상승한다. 모발의 pH가 상승하면 모발은 끈적이고 더 상승하면 모발이 용해된다.

하지만 염색 시술을 자주 하는 모발을 살펴보면 모발의 pH는 상승해 있으나 모발이 얇아지고 상당히 건조한 상태이다. 그러면 반대 현상이 모발의 산성화가 나타난다.

마른 모발 상태에서는 모발이 심각하게 건조하고 모발이 수분을 흡수하면 금방 녹아 내릴 것 같은 끈적임 현상이 일어나는 것이 모발의 산성화이다.

모발의 산성화 원인은 염모제 1제에 배합된 알칼리와 염모제 2제에 배합된 과산화수소가 모발에 잔류하여 지속적인 활동을 하기 때문에 일어난다. 다공성 모발이 진행되고 모발에 골다공증 현상이 나타난다.

모발의 산성화 해결 방법은 우선 예방이 최우선으로 적당량의 염모제를 도포하는 것이다. 염색제 도포된 시간, 발색과 중합 시간을 적절하게 엄수해야 한다.

색소가 산화된 후 가장 깨끗한 세척과 모발 내부에 잔류하는 알칼리를 제거하여 등전점을 찾아주고, 모발 내부에 잔류하는 과산화수소도 반드시 제거해야 한다. 더 중요한 것은 최소 1주일 이상 알칼리와 과산화수소 등 모발 내부의 잔류 물질을 제거하는 처방이 꼭 필요하다.

PPT 보급과 CMC 코팅 막을 반드시 처방하여 모발의 산성화를 예방하는 것이다.

극손상 모발을 정확하게 이해하려면 왜 손상됐는지 원인부터 살펴보면 해결 방법이 보인다. 제거해야 할 물질과 채워야 할 물질, 채워진 물질이 유지될 수 있는 방법이 모발의 클리닉이다.

## 철의 누적

　　　　새치 염색제에 포함된 염색 촉매제 금속성 커플러 염색 시술 후 모발에 나타나는 것이 모발의 산성화와 더불어 새치 전용, 가루 염색과 오징어 먹물, 염색방 염색 모발에서 공동적으로 나타나는 것이 철(Fe)의 누적이다.

두피나 모발에 미치는 영향은 적으나 오히려 염색 시술 때 두피 자극을 줄이고 색소 중합의 촉매 역할을 담당하는 중요한 물질이다.

그러나 가루염색이나 오징어 먹물 염색방 염색 시술 후 펌 형성이 안 되는 부작용이 발생한다.

그 이유는 모발에 누적된 염색 촉매제 철 성분이 펌제 환원제를 산화시켜 펌 연화 진행이 안됐기 때문이다.

이런 모발에 펌제를 도포하면 펌제 색상이 보라색이나 핑크색으로 바뀌며 펌제를 흡수하지 못하는 현상이 나타난다.

모발에 누적된 철(커플러)이 환원제와 결합하여 산화하고 있는 현상이다.

펌 시술 때 이런 현상이 발생하면 모발에 누적된 철 성분을 pH가 낮은 치오 성분이 배합된 펌제를 도포하여 철 성분을 산화시키고, 샴푸 후 모발에 적합한 펌제를 재도포하든지 철 성분 제거 전용 샴푸를 활용하여 제거 후 펌제를 도포해야 한다.

염색 촉매제 금속성 커플러가 모발이나 두피의 자극을 완화시키고 색소 침투와 발색에 도움되는 물질이나 펌 시술 때 환원제를 산화시켜 펌 형성의 방해 요소가 된다.

반드시 모발 내부에 잔류하는 철 성분을 제거한 후 펌 시술을 완성해야 한다. 또한 염색 시술 후 사용된 염색 잔류 물질은 모발 산성화의 원인이 되는 물질이므로 깨끗한 세척과 염색제 도포 때 적당량의 도포와 염색제 작용 시간을 조절해야 한다.


## 염색 시술 후 잔류하는 알칼리와 과산화수소 제거 방법

염색 후 모발이 전반적으로 얇아지고 건조해지는 이유는 염색 1제 주요 성분인 알칼리가 모발에 잔류하여 모발 내부 아미노산과 결합하여 팽윤과 용해되어 모발의 pH를 상승시켜 모발 결합조직을 느슨하게 팽윤시키기 때문이다.

염색 1제의 이동 통로인 CMC를 용해시켜 모발 산성화에 큰 영향을 끼친다.

염색 2제 과산화수소는 염색 1제 알칼리의 마이너스 이온과 과산화수소의 플러스 이온이 결합하여 열이 발생되어 모발의 멜라닌 색소를 탈색시키는 역할을 담당한다. 발색에서 중요한 역할이지만 잔류하는 과산화수소와 알칼리가 결합하여 지속적으로 모발 내부에서 열이 발생되어 결합수를 증발시켜 염색 후 얇아지고 건조해지는 것이다.

염색 1제에 포함된 알칼리와 2제 과산화수소는 반드시 필요한 물질이지만 염색 후 모발에 잔류하면 모발이 얇아지고 건조해지는 원인을 제공한다.


### 사용 후 잔류하는 알칼리와 과산화수소 제거 방법

❶ 모발이 흡수하는 염색제 적량 도포
❷ 색소 중합시간 준수
❸ 색소 침착 테스트 후 미온수 이용한 깨끗한 세척
❹ 알칼리 삼부 사용 후 모발 내부 산여불 세거
❺ 산성 샴푸 재사용 모발 pH 밸런스 조정
❻ 과산화수소 제거에 큰 효과가 있는 헤마틴 성분 함유된 트리트먼트 후처리 처방
❼ 모피질 PPT 공급과 모발 혈관 역할하는 CMC 보급
❽ 모발 pH 조절이 가능한 산성 샴푸와 모발 내부 회복이 가능한 PPT 헤마틴이 첨가된 트

# 블랙 헤나 홈염색과 염색방
# 염색 모발 진단과 해결 방법

미용시장의 질적 · 양적 성장으로 시장의 다양성은 이루어지고 있지만 미용인들은 여러 가지 부작용과 시술의 어려움을 겪고 있다.

대표적인 어려움이 블랙 헤나의 홈염색과 염색방 염색 모발의 문제점이다.

색소의 지속성과 두피 자극의 완화는 이루어졌으나 블랙 헤나와 염색방 시술 경험이 있는 모발 펌 시술에 많은 문제점이 노출되고 있다.

블랙 헤나의 특징을 살펴본다.

헤나는 로소니아란 식물의 줄기, 잎, 열매, 뿌리에서 채취 가공하여 모발 클리닉과 일부 염모제로 사용한다. 헤나는 탄닌 성분을 다량 함유하여 손톱, 발톱 모발을 구성하는 단백질과 결합을 이루는 특징이 있다.

모발의 탄력과 구조적 견고함에 큰 도움이 되는 물질이다. 가는 모발에 탄력을 부여하고 큐티클 강화에도 효능이 입증된 물질이 탄닌 성분이다.

그러나 천연 헤나는 무색과 핑크, 엷은 오렌지색 등 색상이 한정돼 있다.

블랙 헤나 홈염색이나 염색방에서 사용하는 헤나는 천연 헤나보다 블랙에 가까운 새치 전용 염모제로 많이 활용된다. 헤나의 단백질 결합 능력에 화학 색소가 다량 첨가되어 있다.

자세한 성분은 각 생산회사별 차이는 있으나 공통점은 있다.

시술 후 모발이 단단해지는 경화 현상이 나타나며 착색된 색상 탈색에 큰 어려움이 뒤따른다. 수분을 흡수하지 못하는 소수성으로 모발 성질이 바뀌며 표시 성분을 자세히 살펴보면 시스테아민 성분이 포함돼 있다.

모발 내부에서 염색이 이루어지면서 헤나의 단백질 결합 능력과 시스테아민의 아미노산 결합 능력을 발색과 함께 염모제와 모발을 경화시키며 염색이 이루어지는 형태이다. 염색 촉매제 금속성 커플러의 산화·촉매 역할까지 첨가시킨 염색 방법이다. 염색 후 모발이 경화되고 모발이 굵어지는 느낌은 탄닌과 시스테아민의 효과이다.

블랙 헤나와 염색방 시술 모발의 문제점은 시술 후 다른 화학 재시술에 많은 어려움이 뒤따르고, 특히 펌 시술 때 펌 형성이 어렵고 시술 과정에서 모발이 급격하게 무너져 모든 책임을 펌 시술자가 진다는 점이다.

블랙 헤나 홈염색과 염색방 염색의 문제점은 너무 많은 양을 도포하고, 적절한 도포 시간 조절이 안 되어 색소 침착이 모수질까지 이루어진다. 또한 염색 시술 후 깨끗한 세척이 이루어지지 않아 자류 물질이 모발 내부에 잔류하고, 후처리 처방이 안 되어 모발 내부 잔류 물실의 지속적인 작용으로 모발 내부는 다공성으로 변하고 있다.

컬 형성과 유지가 가능한 모발 내부에 세 가지 결합 능력이 상실된 상태이다. 간신히 컬을 형성해도 예쁘지 않고 유지력도 현저하게 떨어지는 현상이 발생된다.

모발 표면은 탄력이 있어두 모발 내부는 잔류 물질의 지속적인 활동으로 골다공증 상태이다. 모발 표면에 드러나지 않는 CMC 유출, pH 상승, 케라틴과 수분 밸런스 교란 등 극손상 모발의 요건을 갖추게 된다.

블랙 헤나 홈염색 모발과 염색방 염색을 시술한 모발을 열펌과 일반펌 시술 상에서의 가장 큰 문제점은 펌 형성이 안 되는 것보다 펌 시술 후 모발의 모든 균형이 무너져 극손상에 이른다는 점이다. 그리고 그 모두 클레임의 책임과 모발 손상 원인이 시술한 미용실에 전기된다는 것이 가장 큰 문제이다.

블랙 헤나와 염색방 염색이 무조건 나쁘다고 이야기하지 말고 문제점이 무엇인지 차분하게 설명해야 한다.

블랙 헤나 염색방

염색 시술 모발 열펌 방법

펌제를 도포하자마자 모발 색이 붉은색으로 변하고, 펌제는 침투하지 못하는데 모발은 끈적거린다. 블랙 헤나 홈 시술과 염색방 염색 모발 펌 시술의 공통 사항이다.

우선 모발 진단이 가장 중요하다. 펌 형성이 가능한 모발인지 약 20여 가닥을 선택한 펌제를 테스트 도포한 후 약 5분 정도 방치한 다음 진단한다.

모발이 반응하는 정도에 따라 펌 형성이 안 되는 모발의 유형은 3가지 정도로 나타난다.

첫째, 선택된 펌제 도포 부분이 투명한 색으로 변하여 모발이 엉겨붙어 거미줄 같이 끈적이는 모발이다.

둘째, 테스트 펌제 도포된 부분이 ㄱ자로 꺾이는 모발이다.

셋째, 테스트 펌제 도포 후 5분이 경과돼도 아무런 반응이 보이지 않고 딱딱한 경화가 풀리지 않는 모발이다.

위 3가지 테스트 반응을 보이면 고객과 재상담하여 열펌 시술을 중단하고 모발 내부에 잔류하는 알칼리 과붕산나트륨 등을 제거하고, 모발 구성에 필요한 PPT·CCM 등 보급이 가능한 클리닉 매뉴얼 전환을 상담한다.

특히 미용인들의 가장 큰 실수가 3번째 유형이다. 큐티클 표면이 딱딱하게 경화되어 수분을 흡수하지 못하고 펌제를 도포해도 흡수하지 못하는 모발에 펌제를 과하게 도포하여 큐티클이 무너지기 시작하면 모발에 잔류하는 알칼리와 과산화수소·과붕산나트륨 등과 결합하여 열이 발생하며 모발이 완전히 무너져 내린다.

위 3가지 반응이 안 보이고 펌제를 모발이 흡수하고 연화가 진행되면 1~2분 더 방치하여 모발의 반응을 살펴보고 적절한 펌제를 선택하여 펌을 진행한다.

펌제가 선택되면 원터치 도포는 상당히 위험하며 모발이 흡수하는 양을 조절하며 조금씩 재도포하는 것이 정답이다. 블랙 헤나 홈염색과 염색방 염색 모발 열펌 성공의 열쇠는 연화에 있다. 강한 컬보다는 롤스트레이트 형태의 펌으로 유도하여 많은 형태의 변화를 줄여야 한다.

펌제 도포 시간이 짧으면 오히려 컬 늘어짐 현상이 나타나므로 조금씩 나누어 도포하고 펌제 작용시간을 충분히 방치해야 한다.

펌제 도포 후 가열 처리는 과잉 반응으로 인한 오버타임이 나타날 수 있으며 블랙 헤나 염색제에 배합된 과붕산나트륨은 가열 처리 때 활발한 작용으로 인한 오버타임 현상이 나타날 수 있다.

연화 테스트 후 연화가 완료되면 먼저 도포된 펌제를 살짝 걷어내고 사용한 펌제보다 pH가 확연하게 낮은 시스테아민 펌제에 PPT 등을 혼합 조제하여 크리프(Creep)를 실시하여 미연화된 모발의 연화 촉진과 아미노산 결합으로 인한 시스테아민 특징을 활용한 탄력을 동시에 얻을 수 있다.

또한 모발 내부에 잔류하는 펌 1제 알칼리와 과붕산나트륨 등 모발에 유해한 물질이 팽윤됐던 모발이 수축되며 밖으로 밀려나오게 된다.

모발의 고유 라멜라 구조에 의해 PPT는 흡수하고 잔류 물질이 밀려나오는 역삼투압 현상으로 모발에 탄력이 생성된다. 더블 환원이다.

더블 환원과 크리프(Creep)를 동시에 실시한 후 5~10분간 자연 방치 후 깨끗하게 세척하여 2차 클리닉 제품을 활용하여 와인딩한다.

되도록 굵은 롯드를 활용하여 와인딩하고 섹션 양은 최대한 적은 상태를 유지한다. 온도를 높이기보다 열량을 높이는 롯드 굵기와 섹션 양 조절이 모발의 탄력을 높이는 방법이다.


## 블랙 헤나 홈염색, 염색방
## 탄력 있는 직펌 시술법

고객이 염색방 염색 후 탄력 있는 컬을 원한다면 직펌을 권장한다. 우선 알칼리 샴푸를 사용하여 깨끗한 샴푸 후 손상모발 부분은 수분을 최대한 적게 남겨두고 시스테인과 치오가 혼합된 펌제를 선택한다.

펌제의 pH는 8~9이면 적합하다. 선택된 펌제에 펌제 전체 양의 액상 PPT를 10~20% 혼합 조제하여 원터치 도포하지 말고, 일반 펌제 도포 양의 30% 정도 골고루 펼쳐 도포한다.

도포 후 약 5분 정도 자연 방치 후 흡수량과 모발의 변화를 관찰한다.

모발에 오버타임이 발생되지 않고 단단한 경화가 풀리기 시작하면 먼저 도포된 양을 다시 꼼꼼하게 재도포하며, 모류 방향에 따라 가볍게 에멀전하여 펌제 흡수를 촉진시키고 큐티클을 정리한다.

이렇게 2차 도포 후 5분간 자연방치 후 달궈진 직펌 롯드나 디지털 롯드를 활용하여 와인딩을 끝낸다.

와인딩 때 손상 모발 부분은 수분양이 적은 상태에서 와인딩해야 과열에 의한 자지러짐 방지가 가능하다.

롯드는 한 단계 굵은 롯드를 사용하고 섹션 양을 최대한 적게 유지하고 와인딩해야 모발에 열량이 많아진다. 와인딩 때 모발을 롯드에 최대한 밀착시켜 와인딩한다.

롯드 온도 설정은 최대 90℃ 미만으로 설정한다. 디지털펌 사용시 온도 설정 시간은 5~7분 정도 유지한다.

블랙 헤나와 염색방 염색모 직펌 시술 포인트는 펌제 도포된 시간은 좀 길어야 하고 와인딩 유지 시간은 짧아야 한다.

펌제 도포와 와인딩이 동시에 이루어지면 매끄러운 머릿결과 탄력을 얻을 수 없다. 펌제를 모발 상태에 따라 도포하고 모발의 형태가 유지된 만큼 단단한 경화를 풀고 재도포하는 것이 성공 확률을 높일 수 있는 방법이다.

경화된 모발에 치오를 사용하는 이유는 단단해진 모발을 부드럽게 경화를 풀어주고 모발 내부 깊숙이 환원제를 침투시키기 위한 것이다.

모발 내 잔류하는 철 성분을 산화시키고 전처리 침투 공간 확보를 위한 1차 연화를 위해 치오를 사용한다.

2차 펌제 도포 때 모발 상태에 따라 시스테인이나 시스테아민이 첨가된 펌제를 도포하는 것이 모발의 탄력과 굵은 컬 형성에 많은 노움이 되기도 한다.

블랙 헤나 홈염색과 염색방 시술 경험이 있는 모발의 직펌 시술 때 1차 도포에서 모발에 도포된 펌제 색상이 핑크색이나 보라색으로 바뀌면 모발에 누적된 철 성분이 산화되는 것이다.

이때는 모발에 잔류하는 철 성분을 산화한 후 재도포 아니면 먼저 도포된 펌제를 세척한 후 세척된 모발에 적합한 펌제를 재두 포하여 직펌을 시술해야 한다.

가열된 롯드 사용시 가장 탄력을 주고 싶은 부분은 와인딩이 끝나고 드라이기를 활용하여 약간의 가열 처리가 필요한 모발도 있다.

컬을 테스트한 후 롯드가 완전히 식은 상태에서 꼼꼼한 중화는 필수적이다.

중화 후 마무리 단계에서 후처리 클리닉과 홈케어 클리닉은 필수이다.

중화시 1차 중하는 롯드가 와인딩된 상태에서 중화하고, 2차 중화는 롯드을 아웃한 상태에서 골고루 도포하는 것이 신회력을 높이는 방법이다.

습관적인 그릇된 시술 방법은 모발 손상의 원인이 되기도 한다. 미용인 스스로 뼈를 깎는 노력으로 고객 모발에 적합한 시술 방법을 찾아야 한다.

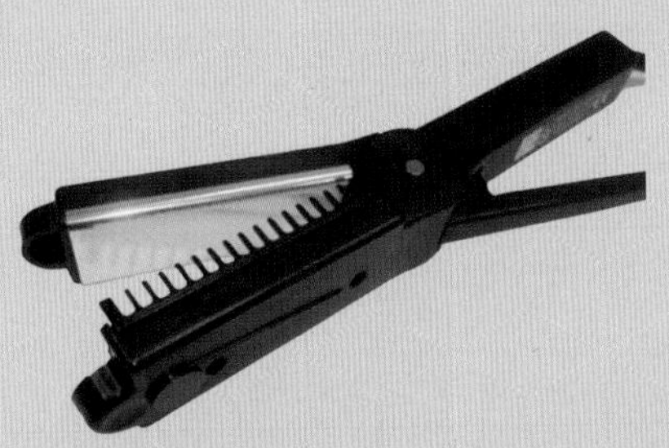

제3장

# 한국인의 모발 이야기

# 프리즐드(Frizzled)

프리즐드는 인간의 신체에 난 모든 털의 형태를 관리하는 유전자로 미국 존스홉킨스 의대 제레미네이션 박사팀이 발견했다. 이 원자에 대한 논문은 미국 국립 학술의보(PNAS) 2004년 5월호에 처음 소개됐다.

프리즐드 유전자는 1~10번까지 존재하며, 임신 3~6개월 때 평생 가지고 살아가야 할 모든 털의 형태가 결정된다.

제레미네이션 박사팀은 동서양을 막론하고 프리즐드 6번 염색체가 없는 사람들이 곱슬머리가 강하게 나타나는 것을 최초로 알아냈다. 현재 곱슬머리에 프리즐드 6번 염색체를 삽입해 곱슬을 교정하려는 연구가 계속되고 있다.

그런 만큼 곧은 머리를 원하는 곱슬머리들의 소원인 프리즐드 6번 유전자 삽입 기술이 성공적으로 당겨지길 기대하는 이유 또한 강렬하다.

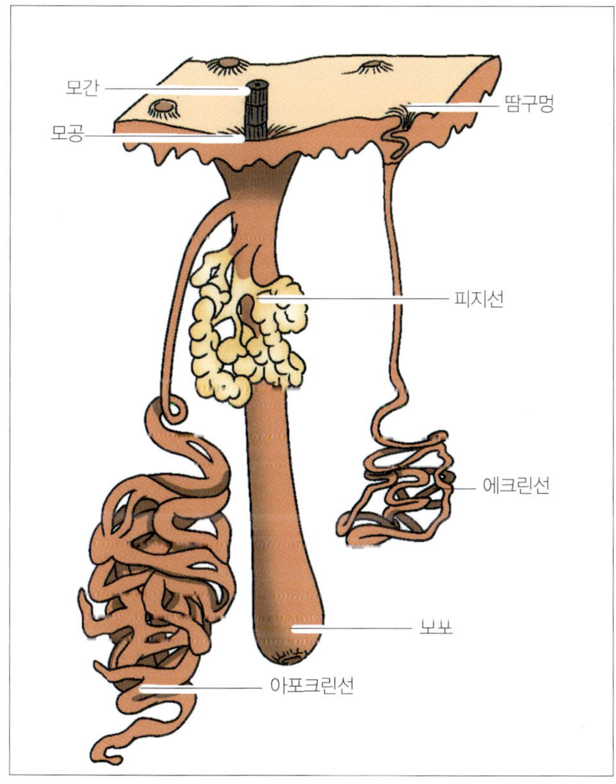



**아포크린선과 에크린선**

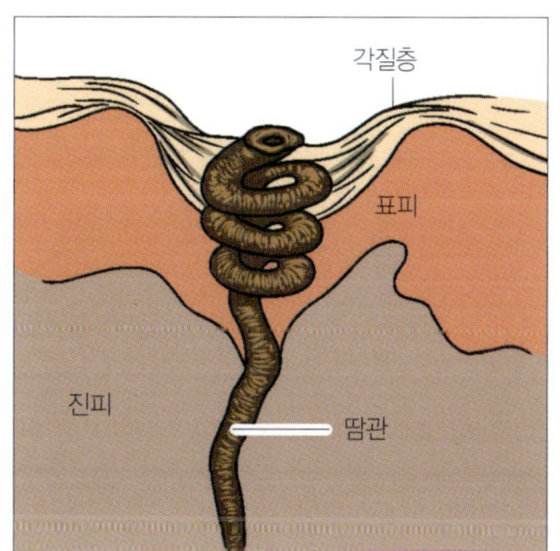



**손가락의 힌선**

강한 곱슬머리는 프리즐드 6번 염색체가 없는 사람들에게서 나타난다.

열펌이 좋아 열펌에 美친 아저씨

# 단백질을 만드는 원료,
# 아미노산(amino acid)

인체와 모발을 물질로만 생각한다면 거대한 단백질 덩어리들의 조합으로 볼 수 있다. 그 단백질을 구성하는 최소 단위의 물질이 아미노산(Amino Acids)이다.

단백질을 완전히 가수분해하면 암모니아와 아미노산이 생성되는데, 아미노산은 아미노기와 카복시기를 포함한 모든 분자를 지칭한다.

화학식은 $NH_2CHRnCOOH$(단, n=1~20)이다.

생화학에서는 흔히 $\alpha$-아미노산을 간단히 아미노산이라 부른다. $\alpha$-아미노산은 아미노기와 카복시기가 하나의 탄소($\alpha$-탄소라 부른다)에 붙어 있다. 프롤린(proline)은 실제 아미노기를 포함하지 않기 때문에 엄밀히 말해 아미노산이 아니라 '이미노산(imino acid)'이다.

그러나 생화학적으로 다른 진짜 아미노산과 비슷한 기능을 수행하기 때문에 아미노산으로 분류한다.

아미노산의 촉매제는 물과 효소(Enjyem)이다.

자연계에는 20여 개의 아미노산이 존재한다.

그중에서 12개는 인간이 먹는 식품을 원료로 우리 몸속 위장에서 효소에 의해 분해돼 아미노산이 생성되며, 나머지 8개는 몸속에서 합성이 안 돼 음식으로 반드시 섭취해야 한다.

음식물로 섭취해야 하는 아미노산을 필수 아미노산이라고 한다.

단백질을 만들기 위해서는 모든 아미노산이 필요하며 필수 아미노산을 섭취하는 것이 매우 중요하다.

한편, 필수 아미노산은 생물(일반적으로 사람)의 몸 안에서 전부 물질로부터 합성할 수 없는 아미노산으로 음식을 통해 섭취해야 한다. 히스티딘, 루이신, 리신, 시스틴, 메티오닌, 발린, 트레오닌, 트립토판, 페닐알라닌, 아르기닌, 이소루이신 등이 그들이다.

그 반면 알라닌, 글루탐산, 아스파르트산, 글루타민, 글리신, 시스테인, 아르기닌, 세린, 티로신, 프롤린, 피롤라이신, 셀레노 시스테인 등은 체내에서 합성되지만 그 양이 적어 음식으로 섭취해야 돼 비필수 아미노산이라 부른다.

이 중 시스테인과 티로신, 아르기닌은 유아와 성상기 어린이에게 특히 필요하다.

필수 아미노산과 비필수 아미노산을 명확히 구분하기는 쉽지 않다.

일부 아미노산은 다른 아미노산으로부터 합성이 가능하기 때문이다.

황을 포함한 아미노산인 메티오닌과 호모시스테인은 서로 변환이 가능하지만 둘 다 사람의 체내에서 합성되지 않는다.

아미노산은 질소(N), 수소(H), 산소(O), 탄소(C), 황(S)의 화합물이다.

아미노산은 COOH라는 산성기를 가지는 카복시기와 $NH_2$라는 알칼리성을 띠는 아미노기로 나뉜다.

아미노산은 아미노기(Amion group) $-NH_2$와 카복시기(carboxylic acid) -COOH로 이루어진 분자의 총칭을 말한다.

하나의 아미노산 분자에는 알칼리성과 산성기의 양쪽성을 가지며 이와 같은 화합물을 양성화합물이라고 한다.

다음은 아미노산 분자식이다.

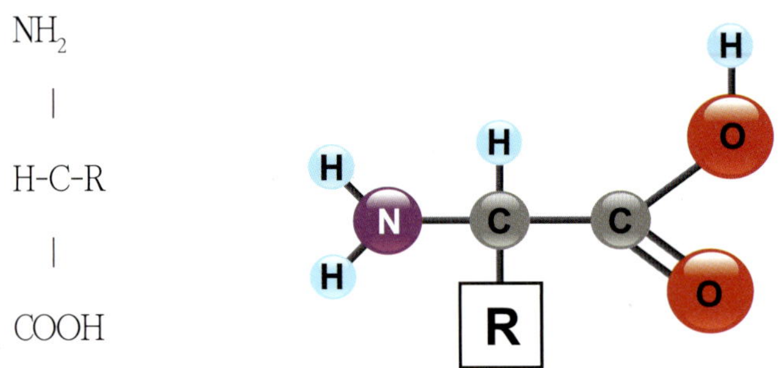

　분자식은 최소 미립자가 어떻게 원자끼리 결합되어 있는지를 표현하는 방법이다. 이들의 구조는 한 개의 탄소(C) 원자에 한 개의 수소(H) 원자가 한 개의 사이드(R-group)를 공유 결합한 공통된 분자 구조를 가지고 있다.

　20여종의 아미노산이 복합 결과 구조에 의해 성질이 결정되며 일란성 쌍둥이(제미니) 구조를 이룬다. 아미노산은 pH에 따라 산과 염기로 이온화가 가능한 물질이다. 아미노산이 결합되어 단백질이 만들어진 경우 하나의 산성기 COOH와 하나의 $NH_2$가 결합해 간다.

　-COOH와 - $NH_2$ 사이에 - CO - NH - 라는 펩티드 결합이 연결되고 이때 $H_2O$가 생성된다. 이렇게 아미노산이 50개 정도까지 결합하는 것을 폴리펩티드(Polypeptide), 즉 줄여서 PPT라고 한다. 아미노산이 51개 이상 결합을 이루고 있는 것을 단백질(프로테인)이라 한다.

　모발의 케라틴을 구성하는 아미노산은 시스틴(Cystine), 글루타민산(Glutamic acid), 이소루이신(Isoleucine), 아르기닌(Arginine), 세린(Serine), 트레오닌(Threonine), 아스파르트산(Aspartic acid), 프롤린(Proline), 글리신(Glycine), 발린(Valine), 알라닌(Alanine), 페닐알라닌(pHenylalanine), 티로신(Tyrosine), 루이신(Leucine), 히스티딘(Histidine), 메티오닌(Methionine), 리신(Lysine), 트립토판(TryptopHan) 등 18종이 있다. 이 밖에 히드록시프롤린, 히드록시리진 아미노산도 있다.

## 모발에 함유된 아미노산의 비율과 특징

| 이름 | 함유량(%) | 등전점(pH) |
| --- | --- | --- |
| 시스테인 | 17 | 5.0 |
| 글루타민산 | 14 | 3.2 |
| 이소루이신(필) | 11 | 6.0 |
| 아르기닌(필) | 9 | 10.8 |
| 세린 | 8 | 5.7 |
| 테로닌(필) | 7 | 5.6 |
| 아스파라긴산 | 6 | 5.4 |
| 프롤린 | 5 | 6.3 |
| 글리신 | 5.5 | 6.0 |
| 발린(필) | 4.5 | 6.0 |
| 알라닌 | 4 | 6.0 |
| 페닐라라닌(필) | 3.5 | 5.5 |
| 트로이신 | 3 | 5.7 |
| 루이신 | 2.5 | 6.0 |
| 히스티딘(필) | 1 | 7.6 |
| 메티오닌(필) | 0.9 | 5.7 |
| 트립토판(필) | 0.3 | 5.9 |
| 리신(필) | 0.4 | 9.7 |

※ (필)은 필수 아미노산임.

## PPT 분자 구조

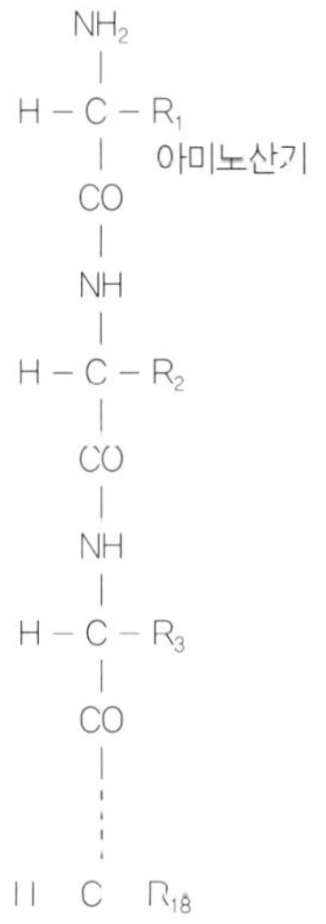

$$
\begin{array}{c}
NH_2 \\
| \\
H - C - R_1 \quad \text{아미노산기} \\
| \\
CO \\
| \\
NH \\
| \\
H - C - R_2 \\
| \\
CO \\
| \\
NH \\
| \\
H - C - R_3 \\
| \\
CO \\
\vdots \\
H - C - R_{18}
\end{array}
$$

# 수많은
# 아미노산의 연결체,
# 단백질(Protein)

단백질의 어원인 프로테인(protein)은 그리스어 '제일의'란 의미이다. 곧 단백질이 생명체의 기본 물질로 최고를 상징한다.

단백질은 탄소·산소·수소·질소·황을 함유하는 아미노산이 펩티드 결합으로 연결돼 이뤄진 큰 무리의 화합물로 때로는 다른 원소를 포함할 때도 있다. 생물 세포의 원형질을 구성하는 주요 물질로 생명현상과 밀접한 관련이 있다.

단백질은 우리의 위장에서 효소에 의해 분해되어 각자를 구성하는 아미노산으로 분리된다. 단백질은 물을 제외하고 우리 몸을 구성하는 가장 많은 탄소화합물이다. 보결 분자단이 전혀 없는 단순 단백질과 하나 이상을 가진 복합 단백질, 그리고 단순·복합 단백질의 변성·분해로 얻어지는 유도 단백질이 있다.

탄수화물은 포도당, 단백질은 아미노산, 지방은 지방산과 글리세롤로 분해된다. 모유에 들어 있는 단백질은 필수 아미노산의 함량이 높아 아기의 성장과 발육에 좋다.

단백질은 신체 내 모든 세포에서 발견되며 신체 조직의 성장과 유지에 매우 중요하다. 식사로부터 섭취한 단백질이 충분해야 임신이나 성장기 동안 정상적인 성장이 이루어진다. 특히 단백질이 많이 요구되는 시기는 임신기, 수유기, 성

장기이다.

　단백질의 섭취가 부족할 경우 성장이 정상 속도보다 느려지고 심하면 성장이 멈출 수 있다. 단백질은 체내에 필수적인 중요한 물질을 만들거나 운반하고, 외부에서 들어온 이물질과 싸워 몸을 방어한다. 또한 머리카락이나 손톱·발톱의 성장과 피부나 뼈의 결합조직 그리고 혈액의 유지를 위해서도 필요하다.

　이와 같이 단백질은 생물체 내의 주요 구성 성분일 뿐만 아니라 세포 안의 각종 화학반응의 촉매 역할을 담당하는 등 여러 가지 중요한 일을 수행한다.

　단백질을 구성하는 기본 단위는 아미노산이다. 아미노산은 탄소 원자에 아미노기인 $-NH_2$, 카복시기인 $-COOH$, 수소원자인 H기 작용기인 R과 결합된 기본 구조를 갖고 있다. 이 작용기 R에 의해 아미노산의 종류가 결정되는데, R의 종류는 20여 가지가 있다.

　단백질은　아미노산의　아미노기($-NH_2$)와　다른　아미노산의　카복시기

(-COOH)가 연결된 펩티드 결합 물질이다. 거의 100개 이상의 아미노산으로 이뤄진 탓에 거대분자 펩티드라고도 한다. 대부분 생물체의 단백질은 20가지의 아미노산으로 구성돼 있다.

아미노산의 카복시기(Carboxyl)와 아미노산의 아미노기(amino) 사이에서 1mol의 물($H_2O$)이 제거되면서 -C-CO-NH-와 같이 결합된다.

이를 펩티드(Peptide) 결합이라고 한다.

아미노산이 2~10개 결합된 것을 올리고 펩티드(Oligo Peptide), 아미노산이 10~50개 결합된 것을 폴리 펩티드(Poly Peptide·PPT), 아미노산이 50개 이상 결합된 것을 단백질, 아미노산이 1개인 것을 모노(Mono), 아미노산이 2개인 것은 다이(Di), 아미노산이 3개인 것을 트라이(Tri), 아미노산이 4개인 것을 테트라(Tetra), 아미노산이 20개인 것을 에이코사(Eikosa)라고 국제 규약으로 그리스어 1, 2, 3… 등에 기호를 붙여 사용하고 있다.

단백질 하나가 형성되기 위해서는 수많은 펩티드 결합이 형성돼야 한다.

단백질은 단위체 (monomer)인 아미노산을 이용하여 만들어진 고분자이다.

단백질은 생체를 구성하고 생체내 반응 에너지 대사에 참여하는 매우 중요한 유기물이다.

단백질 구조는 아미노산 사슬 사이의 여러 비공유결합에 의한 소수성결합

과 수소결합, 반 데르 발스의 힘(분자들 사이에서의 전기적인 힘)에 의한 정전기적 인력 S-S결합으로 입체 구조를 형성한다.

아미노산 서열의 양쪽 끝단은 N-말단과 C-말단이 위치한다. 단백질의 한쪽 끝은 아미노기(-NH$_2$), 단백질의 다른 한쪽 끝은 카복시기(-COOH)를 가진다.

많은 아미노산의 결합체로 약 18~20종의 서로 다른 아미노산들이 펩티드 결합이란 화학 결합으로 길게 연결되어진 것을 폴리 펩티드(PPT)라고 한다.

여러 가지 폴리 펩티드 사슬이 4차 구조를 이뤄 고유한 기능을 가질 때 비로소 단백질로 불린다. 분자량이 작으면 폴리 펩티드, 분자량이 매우 크면 단백질이라고 한다.

단백질 1차 구조는 펩티드 결합, 단백질 2차 구조는 수소 결합($\alpha$ 나선 구조), 단백질 3차 구조는 디설피드 결합(소수성 결합 집합체 구성), 단백질 4차 구조는 여러 개의 폴리 펩티드가 소수성 결합에 의해 하나의 단백질로 작용하는 것이다.

단백질을 이루는 기본 단위인 아미노산은 20종에 이르며 여러 종류의 아미노산이 여러 개 연결되어 단백질을 이룬다. 이때 단백질의 구조는 4차로 구분한다.

단백질 1차 구조(선 구조)는 아미노산과 아미노산 사이의 펩티드 결합으로 이뤄진 선 구조로 아미노산의 종류와 배열 순서에 따라 단백질의 종류가 달라진다. 2차 구조(면 구조)는 1차 구조가 꼬인 모양($\alpha$ 나선 구조)이나 꺾인 모양($\beta$ 병풍 구조)의 구조가 형성된다.

단백질 3차 구조(입체 구조)는 폴리 펩티드 사슬 사이의 소수성 결합, 수소 결합, 반데르발스 힘, 정전기적 인력, 이황화(-S-S-) 결합 등과 같은 여러 화학적 결합에 의해 복잡한 입체 구조가 형성된다.

단백질 4차 구조(집합체)는 3차 구조의 폴리 펩티드 사슬이 2개 이상 모여 소수성 결합이나 수소 결합 등에 의해 복합되어 있는 하나의 집합체이다.

# PPT
# (Polypeptide)

모세혈관으로부터 혈액이 모근으로 보내지면 유전자(프리즐드) 지령에 따라 모발에 필요한 아미노산이 증식된다.

18~20종의 서로 다른 아미노산이 산성 아미노산($COOH$)과 알칼리성 아미노산($NH_2$)으로 분류되고 펩티드가 결합되어 +이온과 - 이온의 전기적인 힘에 의해 좌우로 꼬여 단백질과 아미노산의 중간적 물질로 형성된 것을 PPT라고 한다.

산성 아미노산($COOH$)과 알칼리성 아미노산($NH_2$)은 서로 당기는 전기적 힘의 작용에 의해 서로 꼬여 있는 것이 PPT이고, 꼬여 있는 형태를 알파 헤릭스($\alpha$-helix) 용수철 또는 코일드 코일 로프(coiled-coil-rope) 필라멘트라고 부른다.

모발을 당기면 늘어나고 놓으면 원래 상태로 돌아오는 탄성이 PPT의 용수철 구조에 의해 생기는 것이다. 이것이 형상기억 시스템으로 모발 PPT의 독특한 특성이다. 모발 아미노산의 결합 순서가 결정되면 1차 구조 PPT가 완성되고 자동으로 알파 헤릭스($\alpha$-helix)가 형성된다.

LPP는 아미노산과 정식 단백질 명칭이 아니고, PPT를 잘게 쪼개놓은 'Low Molecullar PPT'의 약자로 더욱 미세한 단백질 입자를 칭하는 상표명이다.

폴리 펩디드(Poly Peptide)는 나선 형태로 결합되어 모발의 단백질을 구성하는 복합 아미노산을 뜻하며, LPP(Low Poly Peptide)가 보다 더 작은 입자 구조를 가지고 있어 침투율이 좋다. PPT는 'Poly peptide'의 약자로 분자량이 작은 단백질이 길게 나선형으로 연결된 형태이다.

요컨대 단백질이 모발에 더 잘 흡수되도록 미세한 형태로 되어 있는 것이다.

입자가 작을수록 흡수가 잘 되므로 모발에도 더 잘 침투한다. 모발을 이루는 주성분이 단백질이므로 손상된 모발에 단백질을 흡수시켜 건강하게 만들어 주는 것이다.

미용실에서 단백질 클리닉을 권하는 이유는 모발 구성 성분의 80~90%가 케라틴(단백질)인 탓이다. 'LPP 트리트먼트'는 미세한 단백질 입자가 손상된 모발에 빠르게 흡수되어 손상 개선에 도움을 주는 전문 헤어 케어 제품이다.

# 콜라겐
# (Collagen)

모발은 참 잘 만들어진 피조물이다. 즉 모세혈관에서 아미노산을 공급받아 모낭에서 세포분열을 계속하면서 잘 짜인 유전자(프리즐드) 지령에 따라 PPT, 단백질, 콜라겐, 케라틴으로 점점 각질화되어 음이온과 양이온, 친수성과 소수성, 필라멘트와 매트릭스 등 각자의 안정된 모양을 찾기 위해 끊임없이 결합하고 잘 배열된 물질이다.

각질화는 척추동물의 표피가 경단백질인 케라틴이 되는 일로 '아미노산 → PPT → 단백질 → 콜라겐 → 케라틴' 순으로 진행된다. 콜라겐(Collagen)은 단백질과 케라틴의 중간 물질이다.

콜라겐은 장력이 크고 탄력이 적은 흰색의 섬유 성분이다. 콜라겐 섬유가 모이면 지름이 수백㎛인 섬유 다발을 이룬다. 각각의 콜라겐 섬유는 더 가는 원섬유로 나눠진다. 원섬유는 더욱 가늘고 줄무늬가 규칙적인 미세 원섬유로 이뤄져 있다.

콜라겐은 교원질(膠原質, 아교)이라고 불리는 경단백질로 아미노산 중 글리신(glycine)을 다량 함유한 물질이다. 피부, 혈관, 연골 관절, 근육, 모발 등 모든 결합조직의 주된 단백질로 또 다른 장기에도 세포 간 매트릭스(모체)로 존재한다.

콜라겐은 섬유상 고체로 존재하며 끓는 물에서 젤라틴으로 변한다. 연골과 세포 표면 머리카락 태반의 망상조직 세포막의 형성 기반 역할을 한다.

또한 단백질 가운데 유일하게 히드록시프롤린을 포함하며, 우리 몸을 구성하는 단백질의 30%를 차지한다. 라멜라 구조를 하고 있으며 장력이 강한 단백질로 신체의 탄력을 담당하는 물질이다.

콜라겐은 단백질의 일종으로 동물의 세포 외 기질의 주성분이다.

오랫동안 구조 유지를 위한 비활성 단백질로 여겼지만 현재는 RGD 배열과 함께 세포 접착을 활성화하는 것으로 알려져 있다.

동물의 모든 단백질 중에서 가장 많은 양을 차지하는 만큼 중요한 역할을 한다. 피부, 힘줄, 연골 등에 다량 함유되어 모발 건강에 유익하다.

결합 조직의 주성분으로 뼈와 피부에 많지만 관절, 각 장기의 막, 머리카락 등 우리 몸 전체에 분포되어 있다. 섬유상 고체로 물 또는 묽은 산과 알카리에 녹지 않지만 끓이면 녹는다. 전자현미경으로 보면 복잡한 가로무늬 구조가 눈에 띈다.

콜라겐은 요리에서 중요한 역할을 하는 성분이다. 콜라겐을 추출하여 만든 젤라틴은 젤리를 만드는 응고제로 쓰인다. 도가니탕, 족발, 사골국물, 닭발, 돼지 껍데기 등 뼈·관절·피부를 재료로 한 한국음식에 많이 들어 있다. 무게감과 점성 등 입 안에서 느끼는 질감이 좋아 사람들이 즐겨 먹는다.

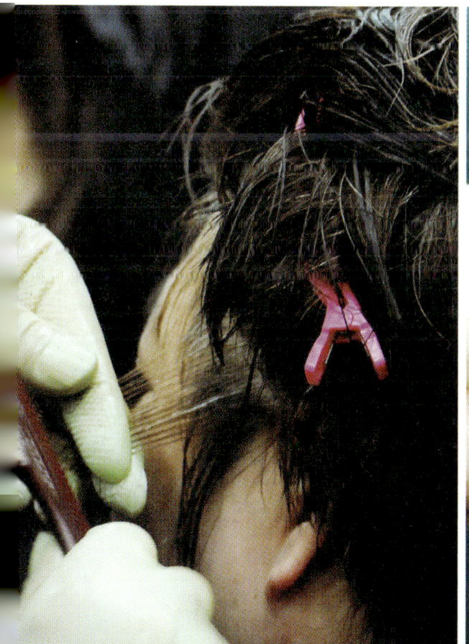

섬세한 머리카락을 다룰 때는 정성껏 최선을 다한다.

# 케라틴(Keratin)

모발의 영양은 모유두에서 혈액으로부터 모모에 공급되는 것이다. 모모가 영양을 흡수하여 분열 증식하고 새로운 모발 세포가 생겨나기 때문에 가장 소중한 것은 모발 성분이 되는 원료이다.

결국, 포유동물의 여러 조직에서 주요 구성 성분을 이루는 단백질이 케라틴이다. 점성과 탄성이 매우 높고 물에 쉽게 녹지 않으며, 다른 단백질 구성체에 비해 매우 단단하다.

케라틴은 머리카락, 체모, 뿔, 손톱, 발톱 등 산피 구조의 기본을 형성하는 단백질(구성 물질)이며 이황화 결합에 의해 물리적으로 단단한 결합물을 만든다. 구조 단백질의 총칭으로 각질(角質)이라고도 한다.

케라틴에는 다른 단백질에서 좀처럼 보기 힘든 시스틴이란 아미노산을 많이 함유하고 있다. 이 시스틴은 케라틴의 구조를 튼튼하게 하는 중요한 역할을 담당한다.

모발은 양모와 마찬가지로 일종의 동물성 첨연섬유이고, 주성분은 케라틴이라고 하는 유황을 함유한 80~90%의 단백질이다. 남은 것이 멜라닌 색소, 피질, 미량원소, 수분 등으로 되어 있다.

시스틴 함량이 풍부하기 때문에 펩티드 결합( - CO-NH-)이 많은 S-S 결합으로 이뤄진 선상구조이다.

단백질과 비교하여 유황을 함유한 시스테인과 시스틴이라는 아미노산이 함유된 차이점이 있다. 시스테인이라는 독특한 아미노산이 첨가돼 수백 수천 개의 폴리 펩티드 결합을 이루는 모발의 주성분이 케라틴이다.

피부 최외곽층 각질 세포, 피부가 변화돼 만들어진 손톱·발톱도 케라틴이다. 동물의 뿔과 치아·발굽 등은 경(輕) 케라틴이고, 부드러운 피부는 연(軟) 케라틴이다. 모발이나 손톱을 태울 때 나는 냄새는 시스틴의 분해로 인한 유황 화합물(유황, 수소, 산소, 질소) 등의 냄새이다.

모발에는 시스틴 함량에 따라 여러 가지 성질의 케라틴이 존재한다. 모발은 외부로부터 모표피, 모피질, 모수질, CMC 등으로 나뉜다. 모발의 성질은

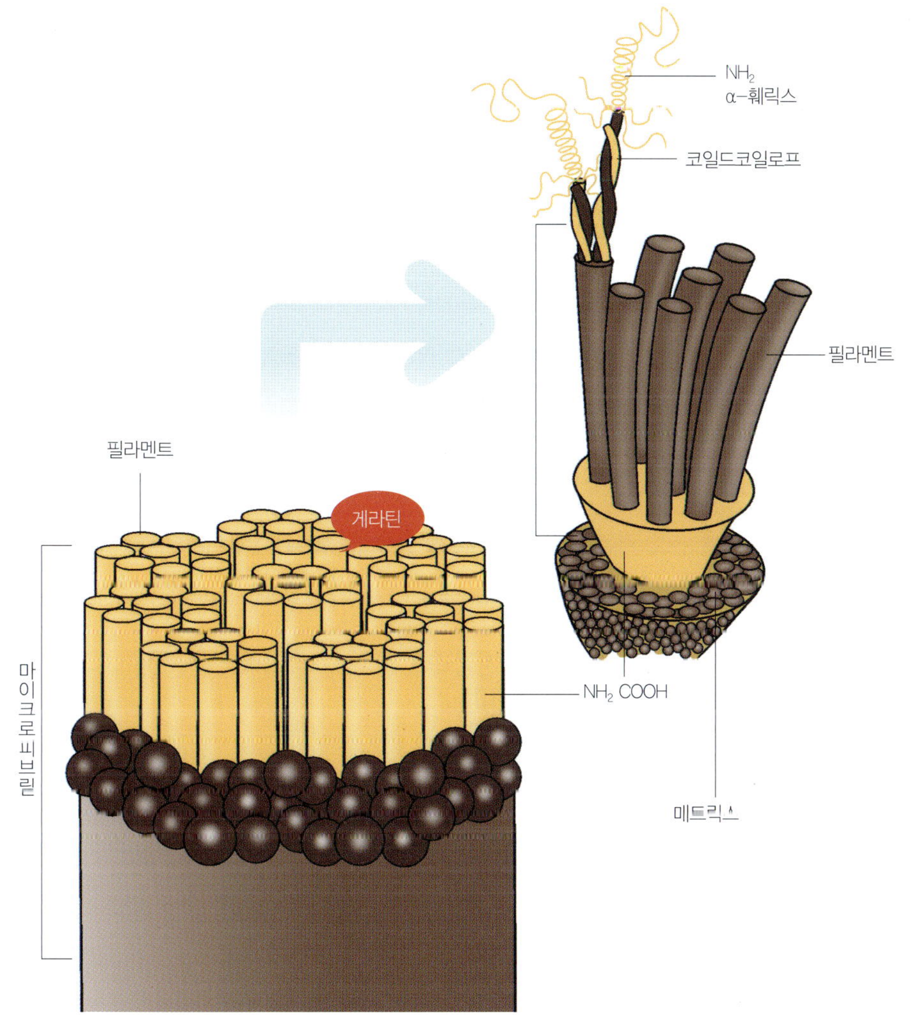

케라틴 함량에 따라 주성분인 단백질과 케라틴의 물리·화학적 성질에 의해 결정된다.

물과 중성 용매에 녹지 않으며, 펩신·트립신 등의 단백질 분해효소의 작용도 잘 받지 않는다. 케라틴을 분리하려면 원료를 분말로 만들어 열유기용매(熱有機溶媒)나 뜨거운 물로 처리한 후 공존하는 단백질을 단백질 분해효소로 제거하면 된다.

주요 조성 아미노산은 글루탐산·알기닌·시스틴 등으로 특히 시스틴이 다량 함유돼 있다. 케라틴은 $\alpha$-케라틴군(群)과 $\beta$-케라틴군으로 나뉜다.

$\alpha$-케라틴군은 시스틴의 함유량이 많은 것이 특징이다. 펩티드 사슬에는 수많은 디설피드 결합(-S-S-)을 포함하며 그물 모양으로 이어진 섬유구조를 가지고 있다. 시스틴 함유량은 뿔·손발톱이 22%, 피부·모발·양모는 10~14%이다.

$\beta$-케라틴군은 거미·누에가 만드는 섬유, 파충류·조류의 비늘·발톱·부리 등을 구성한다. 특히 시스틴을 함유하지 않고 곁사슬(側鎖)의 아미노산으로 글리신·알라닌을 많이 함유하고 있다. X선 회절상(回折像)을 보면 $\alpha$-케라틴군은 서로 비슷하며, $\beta$-케라틴군과 폴리 펩티드 사슬의 구성 방식이 다르다.

$\alpha$-케라틴군은 폴리 펩티드 사슬이 모두 평행으로 $\alpha$-나선구조를 가지고, $\beta$-케라틴군은 폴리 펩티드 사슬이 역평행이며 폴리 펩티드 사슬 사이에 수소결합의 병풍구조를 가진다. 모발 등에 장력(張力)을 걸거나 적시면 펴진다. 이 X선 회절상은 $\beta$-케라틴군의 상(像)과 비슷하며 $\beta$형을 취하는 듯이 보인다.

이 상태의 케라틴을 $\beta$-케라틴이라 부르는 경우도 있다. 이 겉보기의 $\alpha$-$\beta$ 전이(轉移)는 가역적(可逆的)이어서 장력을 제거하면 저절로 $\beta$-케라틴은 수축하여 $\alpha$-케라틴이 된다. 양모가 탄력을 가진 것은 바로 이 때문이다.

뜨거운 물과 수증기·알칼리 등으로 처리하면 섬유는 $\beta$형으로 고정되어 수축할 수 없는데, 퍼머넌트 세트된 모발이 이 상태이다.

# 카복시기(–COOH)와
# 아미노기(–NH$_2$)

아미노산은 한 분자 속에 산성을 띠는 카복시기( - COOH)와 염기성을 띠는 아미노기( - NH$_2$)를 모두 갖는 양쪽성 물질이다.

일반 아미노산의 구조에서 R그룹이 없을 때는 항상 중성을 유지한다.

R에 - NH$_2$가 하나 더 붙으면 그 아미노산은 염기성(알칼리성)을 나타내고, R에 - COOH가 하나 더 붙으면 산성 아미노산으로 분류된다.

- COOH는 쉽게 전자를 얻는 반면 - NH$_2$는 쉽게 잃기 때문에 아미노산은 동시에 양전화(+)와 음전하(-)를 띨 수 있다.

그래서 아미노산을 쯔비터 이온(Zwitter ion), 즉 양쪽성 이온이라고 한다.

이때 양전하와 음전하가 가장 안정된 상태의 pH를 등전점(IEP)이라고 한다.

## COOH

산성의 성질을 갖는 아미노산 1분자 속에 -NH$_2$ 1개, -COOH 2개를 갖는 아미노산(모노 아미노-디카르복실산) 양이온(+)의 성격을 갖고 있다.

수소이온(H+)을 내놓는 물질로 산으로 작용하며 모발에 탄성의 성질을 가진다.

시스테인, 시스틴, 글루탐산, 아스파라긴산 등이 있다.


## NH₂

알칼리성의 성질을 갖는 아미노산 1분자 속에 (디아미노-모노카르복실산) $NH_2$ 2개, COOH 1개를 갖는 아미노산으로 모발에 윤기와 부드러운 성질을 가진다.

수산화이온(OH-)을 내놓는 물질로 알칼리로 작용한다. 아르기닌, 루신, 히스티딘 등이 있다.


## 중성 아미노산

1분자 속에 $NH_2$ 1개, COOH 1개를 갖는 아미노산(모노 아미노, 모노 카복시기산)으로 등전점은 중성 부근(약 6)에 있다.

산성 아미노산(곁사슬에 카르복실기가 있는 글루탐산, 아스파라긴산) 및 염기성 아미노산(곁사슬에 염기성기를 포함하는 리신, 아르기닌, 히스티딘)에 대한 아미노산의 분류, 통상은 글리신알라닌, 발린, 류신, 이소류신, 페닐알라닌 등을 말한다.

넓게는 산성 및 염기성 외의 아미노산을 말한다. 글리신, 알라닌, 세닌, 트레오닌, 발린, 루신, 이소루신 등이 있다.

# $\alpha$-헤릭스($\alpha$-helix)와
# 필라멘트(filament)

모발은 90% 이상이 단백질로 구성되어 있다. 단백질을 구성하는 물질이 아미노산이고, 아미노산은 카복시기($COOH$)와 아미노기($NH_2$)로 나뉘며 산성의 체인과 염기성의 체인이 서로 당기는 전기적 힘의 작용에 의해 PPT가 생성된다. PPT를 $\alpha$-헤릭스($\alpha$-helix) 용수철 형태라 부른다.

모발 아미노산의 결합 순서가 결정되면 자동으로 안정화를 유지하기 위해 $\alpha$-헤릭스($\alpha$-helix)가 형성된다. $\alpha$-헤릭스($\alpha$-helix)는 아미노산이 나선구조(용수철)를 이루고 있는 형태이다.

$\alpha$-헤릭스($\alpha$-helix)의 양쪽 끝단에는 $NH_2$와 $COOH$ 말단의 단량체이다. 이렇게 형성된 $\alpha$-헤릭스 2개가 모여 있는 것을 필라멘트 또는 코일드 코일 로프(Coiled-Coil-Rope)라고, 일본의 저명한 모발학자 아라이 고조가 칭했다.

필라멘트 최소 단위는 $\alpha$-헤릭스(PPT) 분자이다. 실타래 같은 필라멘트 32개를 콩 모양의 난백질 매트릭스(Matrix)가 둘러싸고 있는 것이 마이크로 피브릴(Micro Fibril)이다.

필라멘트는 물 분자가 있으면 부드럽게 운동한다. 사람의 모발은 아미노산으로부터 단백질로 형성되어 간다.

# 매트릭스
# (Matrix, 간충물질)

피질 세포는 긴 폴리 펩티드가 규칙적으로 배열되어 있는 미세섬유가 다발 형태로 결합된 결정형 케라틴이다. 섬유의 강도와 관련이 있다.

이처럼 피질세포와 피질세포, 각 피브릴과 피브릴 사이 등 모든 공간을 메우고 있는 물질이 간충물질(매트릭스)로 시멘트 역할을 한다. 고분자가 불규칙하며 복잡한 상태로 비결정 영역이다.

모피질은 결정 영역(피질세포)과 비결정 영역(간충물질)의 상태에 따라 화학적, 물리적, 역학적인 성질이 크게 변화한다.

친수성인 간충물질은 펌과 염색에 밀접한 관련이 있다.

간충물질은 시스테인의 함량이 풍부해 펌제에 가장 많이 작용한다. 특히 간충물질은 상처받기 쉬워 모발 손상의 최대 원인이 되는 부분이다.

소실된 간충물질은 클리닉을 통해 채워 줘야 한다.

모발의 건조는 간충물질 내의 천연보습인자(NMF)와 관련 있다. NMF는 외부 건조시 수분 증발을 막아 모발 속 수분을 일정하게 유지시켜 준다.

그러나 수분을 쉽게 흡수하고 물에 녹아 지속적으로 샴푸를 써도 서서히 잃는다. 수분 케어 제품이나 트리트먼트로 천연보습인자의 손실을 막아 줘야 한다.

그래서 간충물질이 가장 중요하다. 간충물질의 소실로 모발의 탄성이 약해

져 푸석거린다. 특히 펌을 할 때 웨이브 형성에 밀접한 연관이 있어 꾸준히 관리해야 한다.

매트릭스는 발생·성장·생성의 모체로 세포 간질(間質)이다. 생체의 어떤 구조 주위를 채우거나 그것을 지지하는 물질의 일반적 호칭이다. 세포의 기질을 구성하고, 세포와 결합하여 세포 활동의 기초가 되는 분자를 일컫는다.

$\alpha$-헤릭스가 모여 필라멘트가 형성되고, 필라멘트 32개를 매트릭스가 채워져 매크로 피브릴이라는 모피질 부분의 90%를 차지하는 물질이 형성된다.

PPT와 PPT, 필라멘트와 필라멘트, 매크로 피브릴과 마이크로 피브릴 사이의 모든 공간을 매트릭스라는 산충물질(肝允物質)이 채워져 피질 세포가 형성된다

메트릭스란 의미는 섬유와 섬유 사이를 채운다는 뜻이다. 매트릭스는 일정한 형태를 갖추고 있지 않다.

주성분 역시 18종의 아미노산 복합물질이며, 단백질과 케라틴이다. 부정형 케라틴이며 비결정형 케라틴이라 부르며 다량의 시스틴을 함유하고 있다.

# 마이크로 피브릴
# (Micro Fibril)

피질 세포 안에는 매크로 피브릴이라는 섬유 다발이 있으며 그 안에는 마이크로 피브릴이라는 미소유 다발이 있다.

마이크로 피브릴은 프로토 피브릴의 집합체이며 프로토 피브릴은 규칙적으로 배열된 케라틴 단백질의 거대 분자로 구성되어 있다.

이 케라틴 단백질은 폴리펩티드로 이루어져 나선형 구조로 조합되어 있다. 하나의 폴리 펩티드 주 사슬을 실로 비유하면 실타래가 꼬인 형태이다.

모발이 끊어지지 않고 찢어지는 이유는 바로 여기에 있다.

모발의 18종 아미노산들이 $COOH$와 $NH_2$로 결합하고 $COOH$와 $NH_2$가 PPT로 합성하여 새끼줄을 꼬아놓은 형태의 $\alpha$-헤릭스로 형태를 갖춘다. $\alpha$-헤릭스가 또 다시 왼쪽과 오른쪽 말기로 서로 안정화를 찾기 위해 32개가 결합해 간다.

그 과정에 PPT와 PPT 사이, $\alpha$-헤릭스와 $\alpha$-헤릭스 사이를 같은 양의 매트릭스(간충물질)가 채워져 비로소 마이크로 피브릴이 생성되어 모피질 세포의 토대가 완성된다.

단백질에서 시스틴이라는 아미노산이 첨가되어 케라틴으로 생성되고 모발에 필요한 성분으로 구별되면서 점차 모발의 형태를 갖춘다.

진지하게 실습 과정을 메모하는 수강생들.

이어 모피질과 큐티클, 모수질, CMC, NMF 등 결정형 케라틴과 비결정형 케라틴으로 역할이 나뉘어 프리즐드 지령에 따라 자기 자리를 찾아가게 되는 중간적 지점에 피질 세포의 50%를 차지하는 케라틴이 마이크로 피브릴이다.

모발은 이렇게 점차 합성되어 가는 것이다.

# 모공(모낭)

털구멍으로 털이 자라나는 자리 공간을 말하며, 피부 속의 피지선에서 분비되는 피지와 노폐물이 모공을 통해 배출된다. 피지선은 보통 모낭에 붙어서 지장질인 피지를 포상관으로 분비하고 거기서 피부 표면으로 내보낸다. 모공의 의학적 용어를 모낭이라 부르며 서로 같은 의미이다.

털이 피부 속에서 피부 밖으로 자라나올 수 있는 공간인 모공은 피부 표피가 함몰돼 태생 3개월부터 발생한다.

사람의 모공은 피부 표피, 배아층의 세포가 모여 모아의 세포군이 분열을 일으켜 성장하는 곳이다. 모낭 안쪽 모유두에서 모세혈관으로부터 영양을 공급받아 모모세포가 분열 증식하여 모발의 형태를 갖추면서 성장해 가는 곳이다.

피부 표면에는 땀구멍과 모공이 있다. 모공은 손·발바닥, 입술 등을 제외하고 피부 전체에 있다. 얼굴과 목, 가슴 등에 많이 분포한다. 모공이 확장되면 세균에 감염될 위험이 있는데 이런 증상으로 여드름, 모낭염, 모공각화증 등이 있다.

모간
두피 바깥에 나와 있는 모발
표피
피지선(皮脂腺)
피부의 표면을 보호하는 피지를 분비.
호르몬의 영향을 받기 쉽다.
모근
두피 내의 모발
입모근(立毛筋)
모발을 지지하는 근육
진피
모모(毛母)
모발의 조직이 되는 모모.
세포가 생기는 부분
모공(모낭)
모발을 만들어 내는 부분
모유두(毛乳頭)
혈관에서 영양을 취하는 부문
모세혈관

# 모발의 발생과
# 헤어 사이클(Hair-Cycle)

모든 만물이 나서 성장하다가 최후를 맞이하듯 모발도 마찬가지이다. 항상 우리의 머리에 붙어 영원할 것 같은 모발도 수명이 있다.

모발이 자랄 때 중요한 세포가 모공 중심에 있는 모유두와 모모세포이다.

모세혈관으로부터 모유두에서 영양을 공급받아 모모세포에 분열하도록 지령(프리즐드)을 내는 기관이 모유두이다.

모모세포는 분열을 반복하고 증식하여 각화되어 케라틴이 되며 드디어 모발을 형성한다. 모발 케라틴은 반드시 시스테인이란 아미노산이 함유됐을 때 케라틴이라고 한다. 피지선 아래까지는 살아 있는 세포이지만 그 위 세포들은 사멸한 세포들의 집합체이다.

모모세포 사이에 멜라노 사이트라 불리는 멜라닌 합성세포가 있다. 이곳에서 모모세포가 분열할 때 멜라닌이 만들어지고 모발색이 결정되는 것이다. 이렇게 발생된 모발은 자연적으로 빠지면서 약 5~6년 정도 수명이 한정돼 있다.

물론 예외도 있어 10년 이상 성장하여 길이가 2m를 넘는 모발도 있다.

모발의 발생에서 탈모까지의 흐름을 헤어 사이클이라고 한다.

## 성장기

모공에서 모발이 발생하여 모모세포가 분열과 증식을 계속하는 기간으로 모발의 85~90%는 통상 3~6년 지속적인 분열을 계속한다. 모발을 성장시키는 시기로 모낭 속의 각 부위가 건강해 보인다.

모유두 조직의 주위에 있는 모모(毛母)가 분열 증식을 하는 기간으로 활동기라고도 부른다.


## 퇴화기

모공 안 모유두에서 탈모 시그널이 나오고 모공에서 모유두가 떨어져 세포 증식을 멈추는 시기로 3~6주가 들어간다. 퇴화기에 해당하는 모발은 약 1% 정도이다. 모발이 수명에 가까워지면 모모의 분열이 약해져 쇠락의 길로 간다.


## 휴지기

그 후 모공에서 모모세포의 분열을 완전히 멈추는 기간이다. 약 3개월 정도로 모발 전체 양의 9~14%이며 새로운 모모세포와 모유두가 일체되는 시기이다. 다음 성장기 준비 단계이며 하루 50~100가닥이 매일 빠진다.

그러나 휴지기가 되어 모발이 빠지지 않고 3~4개월 두피에 남아 있다가 모낭이 위축하면서 상부로 밀려나가 탈락된다.

즉, 모발 전체의 약 10%는 모공 안에서 대기하고 있는 상태이다.

휴지기는 모유두기 활동을 완전히 멈추고 모발이 그냥 두피에 붙어 있기만 하는 시기다.

성장기, 퇴화기, 휴지기 등 이처럼 세포가 스스로 죽음을 향하는 움직임을 어포토시스(Apoptosis)라고 부른다. 모발은 발생에서 탈모까지 반복한다.

## 건강한 헤어 사이클은 약 5년

한 가닥 한 가닥의 모발 수명은 한정되어 있다. 그 탄생에서부터 빠지기까지의 흐름을 나타냈다.

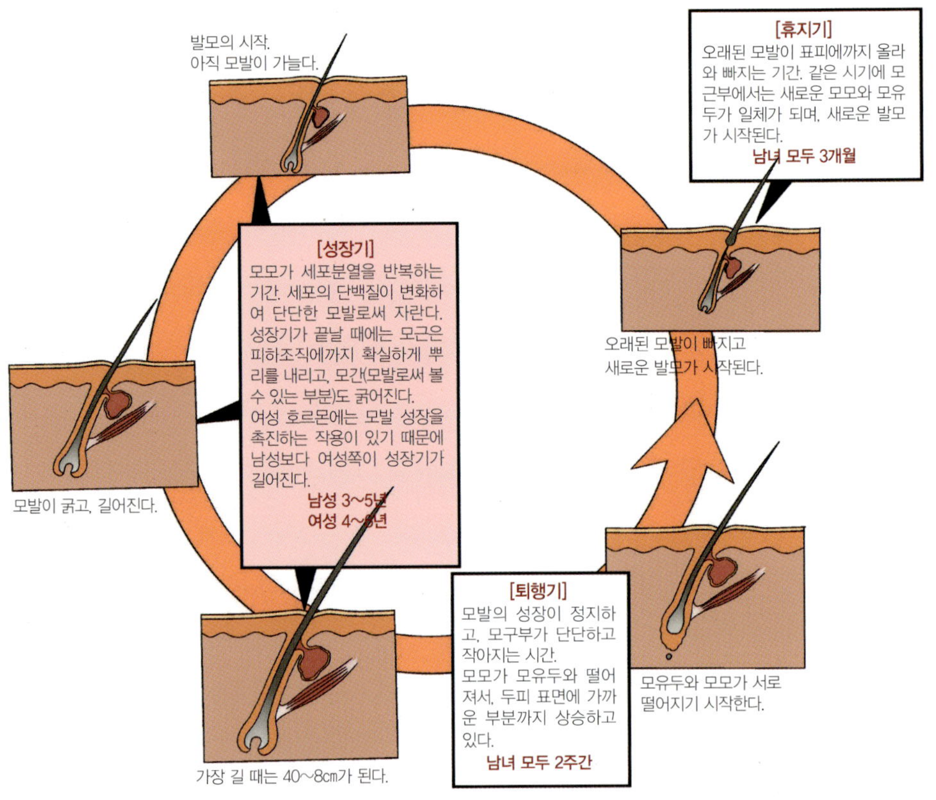



이것이 모주기(헤어 사이클)이다.

퇴화기가 되면 모유두는 위축되기 시작하여 모모세포 분열이 적어져 모공에서 차츰 밀려 올라가 결국에는 자연 탈락한다.

그러나 약 3개월 후 모유두는 다시 모모세포 분열을 시작하여 새로운 모발이 모낭 하부에서 발생한다.

이 신생에서 다음 신생까지의 주기를 1 헤어 사이클이라고 한다.

우리의 두발은 모두 10~12만 가닥이다. 이런 모발이 교대 시기가 같다면 한꺼번에 빠져 큰 낭패감을 맛볼 것이다.

그러나 사람은 모발의 헤어 사이클이 달라 한쪽에서는 빠지고 다른 쪽에서는 자라고, 대동소이한 만큼의 모발 수를 유지하고 있다.

이처럼 자연적인 교대로 빠지는 모발을 생리적 자연 탈모라고 한다. 나이가 들면서 두발이 점차 적어지는 것은 노화와 함께 자연 탈모가 늘면서 신생 탈모의 균형이 깨어지는 탓이다.

두발 가운데 성장기의 것은 85%, 휴지기의 것은 15%이다. 그러면 예비 탈모는 1만5천 가닥 정도로 이것이 5개월 내에 빠지면 하루 평균 100가닥 정도의 자연 탈모도 자연스럽다. 이처럼 생리적인 탈모는 하루에 60~100가닥 정도로 개인차가 있다.

그 밖에 개인의 상태나 조건, 생활환경의 변화, 계절 변동의 문제 등으로 영향을 받는다.

초가을에 탈모가 많은 편이다. 여름에 영양분이 충분히 공급되지 않고, 땀과 지방의 분비물로 두피가 불결해지면서 성장기의 모근에 영향을 줘 휴지기가 빨라지면서 2~3개월 후인 가을에 탈모가 많아지는 것이다.

# 모발의 색

인간 모발의 색은 민족과 인종에 따라 검정, 브라운, 빨강, 브론드 등 여러 가지가 있지만 각각의 색소가 있는 것이 아니며 멜라닌 색소 양에 의해 결정된다.

멜라닌 색소 생성 과정은 자외선의 자극을 받아 모유두 멜라노 사이트에서 아미노산의 일종인 티로신(Tyrosine)이 효소인 티로시나아제(Tyrosinase)의 영향으로 산화되어 도파(dopa)가 되어 복잡한 과정을 거쳐 멜라닌 색소가 생성된다.

유전자에 의해 모발의 색이 결정된다. 이 모발의 색을 결정하는 색소 멜라닌은 모구부(毛球部)의 외측, 모근(毛根) 부분에 있는 멜라닌 생성세포인 멜라노사이드(색소세포)에서 만들어져 모발 조직 내에 분비된다.

멜라닌은 아미노산의 일종으로 티로신에서 여러 과정을 거친다. 아직 합성의 상세한 것은 해명되지 않고, 멜라닌 자체의 화학 구조도 불분명하다.

이렇게 생성된 멜라닌 색소는 멜라노 사이트에서 모피질층에 주입되고 모발이 각화되기 전 피질세포에서 각화되어 비로소 모발의 색을 나타난다.

이 멜라닌 색소 또한 프리즐드의 지령을 받는다. 멜라닌 색소가 크고 많이 있다면 빛을 흡수하여 검게 보이고, 반대로 색소의 크기가 작다면 빛을 반사하여 희게 보인다.

종전의 흑갈색 멜라닌 색소가 멜라노사이드 중의 단백질과 결합해 멜라노

좀이란 멜라닌 과립으로 변한 뒤 분비되어 그 다소가 모발 색을 결정한다고 한다. 최근 황적색의 멜라닌도 발견돼 모발 색은 2종의 멜라닌 과립의 수, 크기, 종합도 등의 조합으로 정해진다는 설이 일반적이다.

멜라닌 색소는 흑갈색 계통의 유멜라닌(Eumelanin)과 황정색 계통의 페오멜라닌(pHeomelanin) 두 종류가 있다.

실제 모발색은 이 두 종류의 색소 양과 비율로 결정된다. 한국인 모발은 유멜라닌 외에 소량의 페오멜라닌 양쪽을 함유하여 노랑색과 빨간색을 띤 검정색을 하고 있다. 한국인의 모발 색이 미세하게 밝아지고 있다.

유멜라닌은 과산화수소 등의 산화제로 분해되기 쉽고, 페오멜라닌은 과산화수소로 분해되기 어려운 성질을 가지고 있다.

한국인 모발을 반복 탈색해도 노란색이 남는 것은 산화제로 탈색해도 분해되기 어려운 페오 멜라닌을 함유하고 있기 때문이나.

흰머리는 멜라닌 색소가 소실되는 것이다. 하지만 멜라노사이드가 어느 경우에 멜라닌 과립의 생산을 멈춰 백발이 되는지 그 이유는 아직 해명되지 않고 있다.

물론 연령과 함께 세포 기능이 노화해 흰머리가 나는 것은 이해되지만 스트레스에 의한 백발과 젊은 나이의 새치는 왜 발생하는지 아직도 모른다.

백발에는 기포가 없으므로 빛을 반사하여 반짝인다. 또 백발은 피부의 백반병과 함께 발생하기도 한다. 또한 항종양제의 부작용으로 발생하며 이 경우 탈모도 함께 동반된다. 약제가 모유두 조직 세포의 대사기능에 뭔가 영향을 주는 것이라고 생각되지만 아직도 원인 불명이다. 급격한 백발, 일정한 간격으로 색소가 소실한 부분이 있는 모발의 원인도 알 수 없다.

흰 머리카라은 어떠한 원인으로 멜라닌 색소가 케라틴에 운송되지 않는 것이 원인으로 노화 현상의 한 가지이다. 그 인인은 아직 명확하게 밝혀진 바가 없다.

그러나 한국인의 흰 머리카락 발생 연령이 젊어지고 있다. 이는 영양 상애, 노화현상보다 스트레스를 원인으로 본다.

# 모표피(Cuticle)

모발 전체 면적 중 75% 정도가 모피질(Cortex), 15% 정도가 모표피(Cuticle), 3.5% 정도가 CMC, 3% 정도가 모수질(Medulla)이다. 'Cuticle, Cortex, Medulla'는 해부학 용어이다.

모발은 90% 이상이 단백질로 이루어져 있다. 섬유 상태의 단백질($\alpha$-helix)과 공 모양의 단백질(Matrix)등 두 종류가 있다.

모발은 가늘고 긴 단백질과 매트릭스가 둘러싸고 있어 모발을 당기면 늘어나고 원상태로 돌아오는 것이다. 섬유 상태의 단백질을 공 모양의 단백질이 둘러싸고 있는 상태가 모발의 전반적인 구조이다.

모표피는 죽순 껍질, 비늘 형태로 겹쳐져 있으며 모발 내부를 감싸고 있는 화학적 저항성이 강한 층이다.

모표피는 색깔이 없는 투명층으로 전체 모발의 10~15%를 차지하며, 두꺼울수록 모발은 단단하고 저항성이 높다. 물리적 자극으로 모표피의 손상, 박리, 탈락 등이 발생하면 모피질의 손상을 입는다.

모표피는 모발 표면을 감싸고 있는 막으로 물리적 요인에 약하다. 또한 모발의 광택과 습윤성, 빗질의 좋고 나쁨을 결정한다.

모표피는 모발의 최외층으로 기름이 흡착되기 쉽다. 또한 알콜, 산, 염기에 대한 저항력이 강해 모발을 보호한다. 모표피의 비늘은 알칼리와 접촉하면 팽창해 비늘이 열리지만 산과 만나면 단단히 폐쇄된다. 즉, 모표피는 알칼리보다 산에 비교적 강한 편이다.

모표피(Cuticle)는 모발의 최외곽층에 자리하며 18종 아미노산 중 시스틴 함량이 가장 많이 차지하는 부분이다. 큐티클은 5~10겹으로 겹쳐 있으며, 색은 무색투명으로 큐티클과 큐티클 사이를 CMC가 채우고 있다.

CMC 안에는 18-MEA라는 물질이 두피에서 분출되는 피지를 모발 끝까지 전달하는 역할을 담당한다.

큐티클은 시스틴 결합을 다량 가지고 있다. 큐티클은 모피질 세포를 덮고 있어 모피질을 보호하고 외부 충격(역학적 · 화학적)으로 모발을 보호한다.

큐티클은 크게 3종으로 나뉜다. 최외곽층은 에피(Epi) 큐티클, 중간층은 엑소(Exo) 큐티클, 맨 안쪽은 엔도(Endo) 큐티클로 나뉜다.

큐티클 중 가장 견고한 부분이 에피 큐티클이고, 큐티클 중 수분을 가장 많이 흡수하는 부분은 엔도 큐티클이다. 큐티클은 호흡한다.

모표피의 가장 바깥층인 에피 큐티클은 단백질이 견고하게 결합되어 산소나 화학약품에 대한 저항이 가장 강한 층이다. 10㎛ 두께의 얇은 막으로 수증기는 통과하지만 물은 막힌다.

엑소 큐티클은 염색이나 열펌 등에서 쓰는 시스틴 결합을 단절시키는 약품의 작용을 받기 쉽다. 또한 부드러운 켈틴의 층으로 시스틴 함량이 많고, 에피 큐티클보다 물리적 · 화학적 저항력이 현저히 낮다.

최내층인 엔도 큐티클은 시스틴 함유량이 적어 단백질 침식 약품에 약하다. 펌제나 염모제 등이 내부의 피질에 침투해 작용하려면 모표피 층을 침투해야 한다. 그러나 이들 약제는 에피 큐티클에 의해 방어돼 관통하기 어렵다. 이는 겹쳐진 모표피의 미세한 간격으로 커다란 분자가 빠져나갈 수 없기 때문이다. 하지만 팽윤 · 연화로 간격이 넓어지면 침투할 수 있다.

모발에 큐티클이 없으면 모발의 생리학적 기능을 할 수 없다. 큐티클 중 시스틴을 많이 함유한 쪽이 소수성을 지향하고 단단한 구조를 갖는다.

모발이 수분을 흡수하는 경로는 다음과 같다. 모발이 물에 닿으면 CMC를 타고 물이 흡수되어 큐티클 맨 안쪽 엔도 큐티클이 자기 부피만큼 수분을 흡수하여 팽윤(澎潤)된다. 이때 큐티클 전체가 부풀어 올라 큐티클 전체가 열려 수분 흡수 통로를 열게 되는 것이다.

큐티클은 CMC가 겹겹이 중첩되어 있고 미세하기 때문에 큰 분자는 침투할 수 없다. 그러나 산과 알칼리에 의해 팽윤·연화되어 틈이 생기면서 큰 분자가 침투할 수 있는 공간이 생긴다.

모발이 손상된다는 것은 큐티클의 손상부터 비롯된다. 손상 모발이 윤기가 없고 거친 이유는 큐티클이 서로 들떠 빛이 난반사되어 윤기가 보이지 않으며 큐티클끼리 서로 얽혀 있어 모발이 거칠어진다.

또한 CMC가 여러 가지 원인으로 손실되어 수분 조절 능력을 상실하여 모발이 건조해진다.

**두피와 모포의 주변**

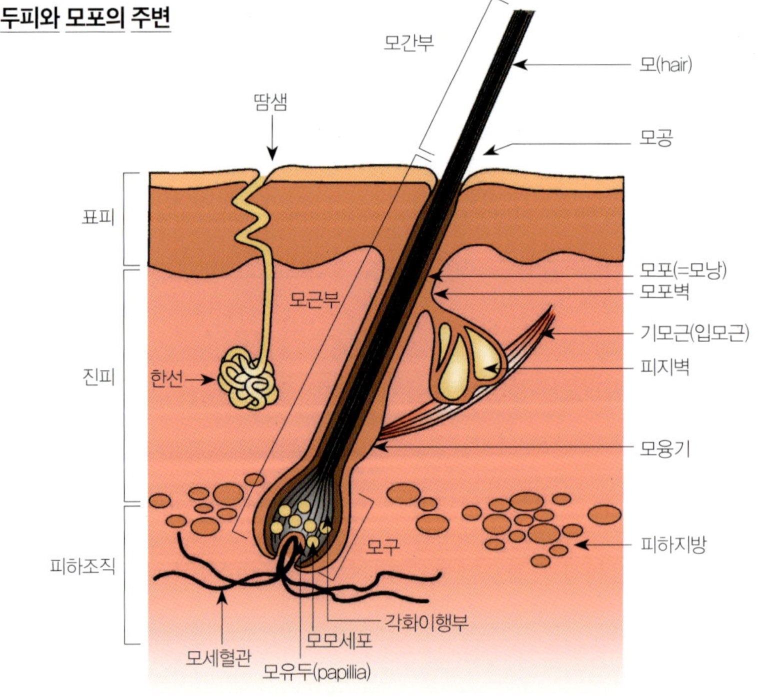

# 모피질(Cortex)

모피질은 섬유 다발이 이루어진 것이다. 피질 세포와 간충물질, 멜라닌 색소로 구성되어 있다.

모발의 가장 중요한 부분으로서 모발의 강도, 탄성, 유연성, 성장의 방향, 굵기, 색상 등을 좌우하며 모발의 성질을 결정한다. 미용사의 결정 영역으로 펌과 염색 시술시 모피질의 물리적 상태에 따라 승패가 결정되는 중요한 부분이다.

모피질은 멜라닌 색소를 함유하고 있으며, 친수성이고, NMF라는 생체활성수가 수분의 역할을 한다. 다량의 시스틴 결합을 가지고 있어 모발 탄성에 작용하며, 공 모양의 단백질 매트릭스에 의해 점성도 가진다.

모피질은 피질세포(케라틴 · 단백질)와 세포간 결합물질(말단결합 · 펩티드)로 구성되어 있으며, 각화된 케라틴 피실세포가 모발의 길이 방향(섬유질)으로 비교적 규칙적으로 나열된 세포 집단으로 모발의 대부분을 차시한다.

모피질에는 올토(ortho)와 파라(para) 콜텍스가 있다. 친수성과 소수성의 성질을 가지며, 올도 콜덱스는 모발의 점성과 피리 콜텍스는 탄성을 담당한다.

모발의 곱슬은 모발에 함유된 O·P-콜텍스의 성분에 의해 이루어진다. 불결친 외측에 O-콜텍스, 내측에 P-콜텍스가 존재한다. 이들의 케라틴 성분은 각기 다른데, 이를 섬유의 이중구조라고 한다. 또한 O-콜텍스는 비결정 영역에

많고, P-콜텍스는 그 반대의 영역에 있다.

　이런 이중구조가 동심원에 위치하면 모발은 직모가 되며, 어느 한쪽으로 기울면 곱슬모가 된다. 물론 시스틴 함량도 다르고, 열펌·염색 등에서도 서로 다른 성질을 보인다.

　모발 염색과 열펌은 모표피의 건재와 피질의 멜라닌 색소, 함량, O·P-콜텍스의 차이, 피질의 손상도에 따라 성패가 달라진다.

**O·P-콜텍스의 성질 비교표**

| 구분 | O-콜텍스(soft) | P-콜텍스(hard) |
|---|---|---|
| 시스틴 양 | 소(약 9.8%) | 대(약 17.1%) |
| 팽윤성 | 대 | 소 |
| 웨이브 | 쉽다 | 어렵다 |
| 산성 염료의 안착 | 대 | 소 |
| 염기성 염료의 안착 | 소 | 대 |
| 강도 | 소 | 대 |
| 존재 | 웨이브의 외측 | 웨이브의 내측 |

　모발의 75% 이상을 차지하는 모피질은 실타래 형태의 세포 집합체로 큐티클보다 부드러운 단백질로 구성되어 모발의 강도, 탄력성, 유연성이 결정된다. 모피질은 수많은 섬유질이 꼬아져 있고 섬유질과 섬유질 사이에는 간충물질로 차 있으며 접착제 역할을 해준다.

　모피질 안에는 피질세포가 있다. 피질세포 안에는 매크로 피브릴(대모근)이란 섬유 다발이 있고, 마이크로 피브릴(소모근)이란 미소유 다발이 있다.

　마이크로 피브릴은 프로토 피브릴의 집합체이며, 규칙적으로 배열된 케라틴 단백질의 거대분자로 구성되어 있다. 이 케라틴 단백질은 나선형의 구조 형태로 조합된 폴리펩티드로 이루어져 있다. 모발이 끊어지지 않고 찢어지는 이유가 여기에 있다.

　피질세포의 50% 정도 차지하는 알파 헤릭스($\alpha$-helix)라 불리는 필라멘트가 있다. 모피질을 이해하기 위해서는 섬유 상태의 필라멘트($\alpha$-helix)를 이해해야 한다.

필라멘트는 산성의 성질을 갖는 COOH와 알칼리성의 성질을 갖는 $NH_2$와 구별되어 (+)이온과 (-)이온을 가진다. 한쪽은 (+)이온, 한쪽은 (-)이온이 있어 전기적 당기는 힘에 의해 새끼를 꼰 것처럼 결합해 있는 것을 필라멘트($\alpha$-helix)라고 한다.

이렇게 18종의 아미노산이 한쪽은 COOH (+)이온, 한쪽은 $NH_2$ (-)이온의 전기적 작용에 있어 필라멘트는 안정된다.

이렇게 만들어진 필라멘트 32개를 공 모양의 매트릭스가 둘러싸고 있는 것을 매크로 피브릴이라고 한다. 섬유 상태의 매크로 피브릴을 공 모양의 매트릭스가 단백질 안에 둘러싸여 있는 것이 모피질이다.

아미노산이 COOH와 $NH_2$로 나뉘어 결합하여 알파 헤릭스($\alpha$-helix)가 되고, 알파 헤릭스($\alpha$-helix)가 매크로 피브릴이 되고, 매크로 피브릴이 피실세포가 되어 시스틴이 포함되어 모발에 케라틴이 생성되고 모피질이 생성되는 것이다.

여기에 PPT와 PPT, 알파 헤릭스($\alpha$-helix)와 알파 헤릭스($\alpha$-helix), 매크로 피브릴과 매크로 피브릴을 연결하는 S-S결합과 이온결합 수소결합에 의해 모피질은 안정화를 찾아간다.

여기에 모피질을 감싸는 것이 큐티클이고 비로소 모발의 형태를 갖춰 간다.

모발은 케라틴 분자인 $\alpha$-헤릭스형 폴리 펩티드 고리 3개와 서로 꼬여져 헤릭스 구조인 프로토 피브릴이 11개(중심에 2개, 원주상 9개)가 모여 마이크로 피브릴을 이룬다.

즉, 다수의 마이크로 피브릴이 모여 하나의 모발을 형성한다.

모피질 층은 여러 가지 섬유조직을 가진 케라틴 구조로 되어 있다.

가장 큰 섬유조직인 매크로 피브릴은 뒤틀린 케라틴 조직체로 서로 붙들고 있다. 이를 프로토 피브릴이라고 한다.

# CMC
# (Cell Memberance Complex,
# 세포막 복합체)

CMC는 모발 전체 양의 약 3.5% 정도를 차지하는 물질이다. 한국인의 모발이 점차 얇아지고 밝아지는 가운데 모수질은 점차 퇴화되고 CMC의 양이 좀 더 많아지고 있다.

일부 모발학자들은 CMC를 모발의 한 층으로 구별해야 한다고 주장한다. 모근부터 모발 끝까지, 모표피부터 모수질 가장 안쪽까지 모발 전체를 관통하는 물질, 모발의 혈관 같은 기능을 한다.

CMC는 콜레스테롤 세라마이드 18-MEA와 같은 양친매성과 지질 단백질로 구성되는 모발의 층 상태의 복합체 세포들을 접착하는 중요한 기능을 한다. 모발 각층을 밀착시키는 중요한 물질이다.

모발에 펌·염색 등 화학 시술시 가장 먼저 CMC가 손실되고 모발 각층이 분리되어 부스러지는 현상이 나타나 손상이 진행된다. CMC가 손실된 자리에 물이 고이기 때문에 손상 모발이 잘 마르지 않는 것이다.

모발에 수분을 조절하는 중요한 물질이다.

모발 수분 정도에 따라 큐티클과 큐티클 사이의 CMC가 열리는 정도가 다르다.

CMC는 세포간 접착, 모발 수분 조절, 물 이외의 물질 수송, 윤기와 부드러운 역할, 18-MEA를 함유해 피지 전달 등 기능을 한다.

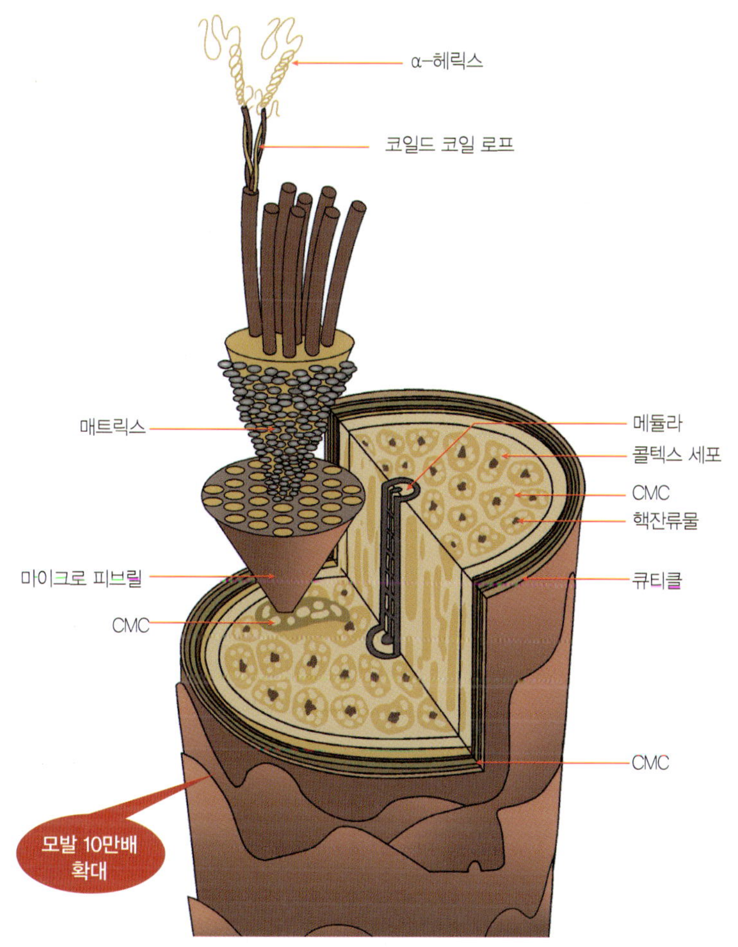



모표피의 비늘(Scale)간, 모피질 내의 모피질 세포간 접착시켜 주는 세포 간충물질로 400~600Å 의 두께를 가지고 있으며 시스틴 함량은 2%로 매우 적다.

세포막 복합체는 모발 섬유 전체의 15%를 차지한다. 세포막 복합체는 비결정질 조직으로 연성이 좋으며 결정질 조직과는 상이한 화학반응을 일으킨다.

모발 조직에 따라 세포막 복합체를 세분화하면 모표피의 비닐과 비닐을 연결시켜 주는 세포간 결합물질을 세포간 접착물질이라 하고, 모피질 세포간 결합물질은 세포막 복합체라고 한다. 그러나 일반적으로 모표피에서나 모피실에의 세포간 결합물질을 세포막 복합체라고 한다.

CMC(세포막 복합체)는 모발 손상에 가장 큰 요인이 될 정도로 중요한 성분이

다. CMC의 역할은 콜텍스와 콜텍스, 큐티클과 큐티클을 접착시켜 주는 일을 한다. 수분 유지와 함께 영양분의 유출을 막는다.

펌과 염색할 때 가장 먼저 손상되는 것이 CMC이다.

이 접착제 역할을 하는 CMC가 손실되면 안에 있는 간충물질(매트릭스) 등의 영양분이 빠져 나가기 때문에 모발이 손상된다. 따라서 CMC의 이상은 모발 손상의 가장 큰 요인이다.

탈색이나 염색을 하고 나면 평소보다 머리가 잘 안 마른다. 왜 그럴까? CMC는 접착제 역할뿐만 아니라 물과 약제가 지나가는 지름길 역할을 하는데, CMC가 손실되고 빈틈이 생기면 그 틈에 물이 고여 머리가 잘 마르지 않는다. CMC의 손실이 클수록 머리가 잘 안 마른다.

# 18-MEA
# (18-Methyl Eikoo Acid)

메틸 에이코산(MEA)의 18탄소 구조에서 메탈기가 18번째 붙어 있다.

18-MEA는 모발 전체 양의 0.03% 정도 차지하는 지방산으로 모빌의 규티클 최표면을 덮는 지질이다. 모발에 윤기와 질감 표현 기능을 한다. 약자 중 'Eikoo'는 그리스어 20을 표시한 것이다.

모발이 매끄러운 이유는 18-MEA가 표면을 덮고 있기 때문이다. 18-MEA는 체내에서 피지와 함께 중금속이나 유해물질을 피부 표면에 배출하는 중요한 기능을 한다.

두피에 배출된 피지가 모발 끝까지 전달되는 아주 중요한 물질이다. 우리 신체 내에 18-MEA가 유해물질(중금속)을 피부 표면으로 보내고 모세혈관으로부터 유해물질이 전달되면 모공에서 시스테인이 중금속과 결합하는 성질이 있다. 그 후 모발보 각화되어 모공 밖으로 밀려나와 모발에 중금속(비소, 수은) 등이 체내에서 배출되는 것이다.

이 유해 물질을 모공까지 전달하는 물질이 18-MEA이다. 하지만 체내에 18-MEA가 없는 사람들도 있다고 한다. 이 물질이 체내에 없는 사람늘은 단풍당뇨증이란 병에 노출된다고 한다. 모발의 18-MEA는 CMC 안에 포함된 물질이다.

18-MEA가 없어지는 것을 조사한 결과 염색 80%, 파마 50%로 나타났다.

# 모수질(Medulla)

모발의 중심부에 있는 모수질은 공동으로 가득 찬 벌집 모양의 다각형 세포가 길이 방향으로 나열되어 있는 형태이다. 모수질에는 멜라닌 색소를 포함하지만 시스틴 함량은 모피질보다 적은 편이다.

모수질은 모발 구조에서 중심의 기둥 형태로 존재하며 공기가 들어 있다. 공기의 양이 많을수록 모발에 광택을 준다. 연모에는 없고 강모에 있다.

모발의 맨 안쪽에 벌집 모양으로 생겼다. 역학적으로 모수질이 존재하므로 모발이 강하고 탄성이 좋다. 두꺼운 모발은 확실히 모수질이 존재하며 가는 모발일수록 없는 경우가 많다.

추운 지방에 사는 동물일수록 모수질 면적이 넓고 공기를 많이 가지는 것으로 보아 모수질은 보온 역할을 하는 것으로 추정된다.

모수질은 실제적인 기능의 중요성을 갖고 있지 않다고 단정하지만 아직 정확하게 알려지지 않았다. 대다수 동물은 모수질이 털의 2/3를 차지한다. 이 기능은 사람에게는 아무 쓸모가 없어져 사라져 가고 신생 모처럼 부드럽고 가는 모발에는 없다.

모수질 가운데에는 멜라닌 색소가 단백질과 결합해 멜라닌 과립 형태로 존재하고 있다. 그러나 펌과 염색에 직접적인 영향이 없는 것으로 보이며 한국인

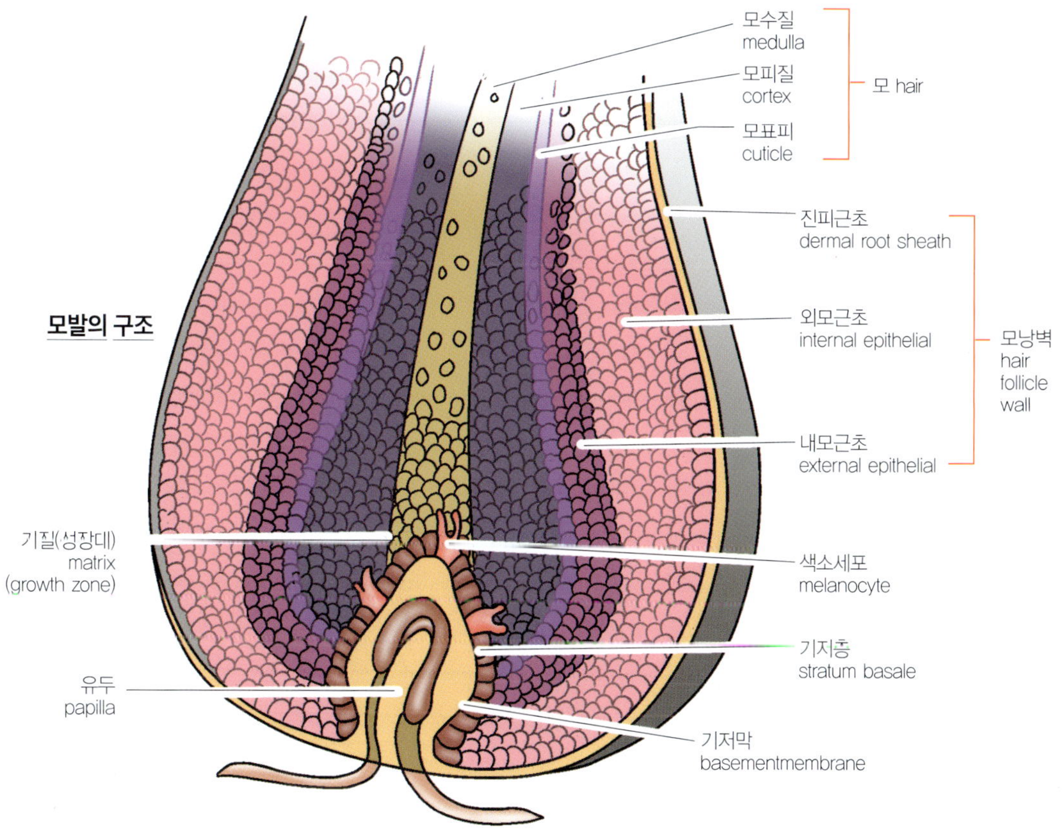



의 모발이 점차 얇아지고 밝아지면서 모수질이 없거나 면적이 적어지는 것으로 관찰된다.

　일반적으로 모수질이 많은 모발은 피피먼트 웨이브기 강하게 나오고 적은 모발은 웨이브 형성이 잘 되지 않는다. 어린이들이 펌을 하면 웨이브가 잘 걸리지 않는 이유이다.

# 수소 결합(Hydrogen bond)

모발은 잘 만들어진 물질이다. 모세혈관에서 아미노산을 공급받아 모공에서 세포분열을 계속하면서 잘 짜여진 유전자 지령에 따라서 단백질과 케라틴으로 모표피와 모피질로 양이온과 음이온, 친수성과 소수성, 필라멘트와 매트릭스 등 안정화를 찾기 위해 배열작용을 완벽하게 이루고 있는 멋진 물질이다.

이렇게 모발의 18종 아미노산은 모발 내에서 안정된 쌍둥이 결합구조를 이루고 유지한다.

모발의 구성물질 중 대부분이 단백질이다. 아미노산과 단백질의 중간적 단계는 PPT(Poly peptide)라고 하며 모발의 주쇄 결합이라고 한다.

모발이 케라틴으로 합성되는 과정에서 시스테인이란 아미노산을 포함하여 모발 내에서 이황화 결합(disulfide bond)를 형성하기 때문에 케라틴으로 분류되며 피부보다 강한 내구성을 가진다.

이렇게 합성된 PPT는 또다른 PPT와 안정된 구조를 이루기 위해 또다른 결합을 시작한다. 그 중 가장 많은 양의 결합이 수소 결합으로 곁사슬 결합 중 가장 많고, 모발 자체의 힘에 기여한다. 수소 결합은 산소(O), 수소(H), 질소(N)의 원소에 의해 결합력을 가진다.

산소나 질소와 결합하고 있는 수소가 다른 분자의 산소나 질소 분자에 끌리는 힘이 수소 결합의 정의이다. 모발의 주쇄 PPT 사슬이 입체적인 구조를 안정하게 유지하기 위해 피질내 각 아미노산의 결합부에 있는 -CO-NH(---)의 수소가 가까운 부분의 또 다른 펩티드 결합의 산소에 대해 가지고 있는 힘의 친화력을 모발의 수소 결합이라고 한다.

분자간 힘은 화합결합보다 훨씬 약하다. 그런데 어떤 분자들 사이에는 특별히 강한 분자간 힘이 작용하여 결합이라는 이름으로 불린다. 수소 결합이 바로 이 특별한 분자간 상호작용이다.

폴리펩티드 체인의 나선형 구조는 수소 결합에 의해 안전성을 갖는다.

물과 접촉할 때 폴리펩티드 체인에 끼어든 물 분자에 의해 끊어지는데 무정형 구조는 팽창되고 나선형 구조는 물을 밀어낸다.

물에 젖은 케라틴 섬유는 건조 상태에 비해 쉽게 늘어나는 것은 이 결합이 관여하고 있기 때문이다.

수소 결합의 가장 강력한 물질은 물이다. 물($H_2O$)은 수소 2개와 산소 1개로 이루어진 산화수소이며 어떤 물질보다 수소 결합력이 강해 다른 물질을 만나면 그 물질에 기존의 수소 결합이 전달된다.

수소 결합은 케라틴 분자 안으로 물이 들어가 그 힘이 줄어든다.

물의 분자가 수소 결합을 절단하는 셈이다. 그래서 모발은 물을 충분히 흡수하면 부드러워져 컬 등을 만들기 쉽다. 펴려고 해도 되지 않는 케라틴의 수소 결합을 물로 느슨하게 한 다음 컬을 만들어 이대로 건조시키면 수소 결합이 다시 연결되는 것이다.

이런 탓에 모발의 형태를 일시적으로 변형하는 것을 워터세트(Water set)라고 부른다. 그러나 이 방법은 모발이 수분을 다시 흡수하면 컬이 없어지므로 '일시직 세드'라고 한다.

우리들이 누웠다가 일어날 때 후두부의 엉망이 된 머리 모양을 물로 적셔 정리하는 것과 모직 바지의 주름을 펴는 것 등이 이와 같은 이치이다.

그러나 수소 결합도 브롬산·리튬 등의 용액을 쓰면 완전 절단된다.

그 물질에 더해진 물을 건조하면 수소 결합은 다시 재결합을 이룬다. 드라이 작업은 수소 결합을 이용한 일시적인 세트이다. 그러나 모발에 다시 수분이 흡수되면 컬이 없어져 버리기 때문에 일시적 세트라고 부른다.

펌제, 염색제, 샴푸, 트리트먼트에 수분(정제수)이 들어 있는 이유는 모발 내 수소 결합을 절단하여 필요한 화학물질을 이동시키기 위한 것이다.

수소 결합력은 분자내 결합력(공유결합, 이온결합, 배위결합)의 1/10 정도의 세기를 가진다. 수소 결합은 비교적 약하므로 굴곡이나 압축에 작용하는 힘에 의해 분자간의 수소결합이 끊어지고, 미끄럼이 일어나고, 이들이 새로운 위치에서 다시 수소 결합이 형성되면서 그 형태로 고정되어 구김이 생긴다.

# 이온 결합(Ionic bond)

이온 결합이란 양이온(+, cation)과 음이온(-, anion)이 정전기적 인력으로 결합해 생기는 화학 결합으로 염결합, 가교 결합, 교차 결합이라고도 한다. 이온이란 중성인 원자가 전자를 얻거나 잃어서 (+)전하를 띠거나 (-)전하를 띠는 입자를 말한다.

이온이 형성되려면 전자를 얻거나 잃어야 한다.

전자를 잃으면 상대적으로 (+)전하를 띠기 때문에 양이온(+, cation), 전자를 얻으면 상대적으로 (-)전하를 띠기 때문에 음이온(-, anion)이 된다.

이온 결합 물질들을 물에 녹이면 양이온은 물의 산소 부분, 음이온은 물의 수소원자 부분과 정전기적 인력이 작용해서 이온 주위를 둘러싸는 수화현상이 나타난다. 결합은 어떤 에너지 방출의 의미이고 결합을 깨는 것은 에너지 흡수를 의미한다.

원자나 분자들은 보다 안정적인 에너지 상태를 유지하기 위해 서로 결합한다. 양이온은 전자를 받으려 하고 음이온은 전자를 내놓으려 해서 생기는 결합이 이온 결합이다.

서로 결합한 PPT 주쇄끼리 $NH_2$와 $COOH$가 전기적(이온적)으로 결합한 것을 이온(염) 결합이라고 한다.

모발의 염 결합은 pH 4.5~5의 등전점일 때 결합력이 최대로 케라틴이 가장 안정된 상태가 된다.

케라틴의 분자식 일부에 리신 잔기와 아스파라긴산 잔기간의 (+)(-)가 연결되어 곁사슬에 있는 (+)의 극성기와 (-)의 극성기 사이의 전기적 인력에 의한 결합이다.

폴리펩티드 주사슬에는 산성 아미노산 잔기의 카르복시기($-COOH$)가 있고, 염기성 아미노산의 잔기에는 아미노기($-NH_2$)가 있다. 그래서 우연히 서로 이웃한 주사슬 간에 이 2개가 마주보고 존재하면 거기에 이 전기적 인력이 생겨 염 결합으로 된다.

만약 모발 가운데 수분의 pH가 등전점 이상의 알칼리성이 되면 $-COOH$의 전리는 촉진되고, $-NH_2$의 전리는 억제되는 결과가 일어나고 $-COOH$의 상대방의 (+)가 없어지기 때문에 염 결합은 소멸한다. 역으로 등전점 이하의 산성이 되면 $-NH_2$의 전리는 억제되어 동일하게 염 결합은 없어진다.

즉 염 결합은 모발이 그 등전점에 있는 pH의 범위에 있을 경우 강하게 결합하고, 이 등전점에서 멀어지면 pH에 따라 결합력도 약해지는 것이다.

산이나 알칼리에 의해 모발의 pH가 산성 또는 알칼리 쪽으로 기울 때 이온 결합은 약해진다. 이온 결합의 변화는 pH의 변동에 따라 결정된다.

펌과 염색 시술시 알칼리제가 쓰여지는 이유는 모발에 이온 결합의 변화(팽윤)를 통해 물과 시술 조제가 모피질까지 침투하기 위한 것이다.

펌과 염색제의 알칼리가 활용된 후 모발에서 제거시켜 모발에 등전점을 맞추면 이온 결합은 회복된다. 이온 결합은 모발 강도의 약 35% 정도 기여한다는 보고서가 발표되기도 했다.

# 시스틴 결합
## (Disulfide bond)

모공에서 모모세포가 각화되어 모발이 발생되는 마지막 단계에 단백질에서 케라틴으로 분류되는 3가지 결합 중 가장 견고한 결합이 시스틴 결합이다.

시스테인이 시스틴으로 결합하고 시스틴은 또 다른 시스틴과 공유 결합한다. 이렇게 시스틴 결합이 이루어지면 비로소 모발에 케라틴이 발생된다.

모발은 잘 짜여진 유전자 지령에 따라 모표피, 모피질, 모수질, 친수성, 소수성, 파라콜텍스, 오르토콜텍스 등 복잡한 과정을 통하여 아름다운 모발이 발생되며 시스틴 결합 양에 따라 모발의 성질이 결정된다.

시스틴 결합은 시스테인과 시스테인의 SH기에 산소가 작용하여 생긴 결합이다. 두 개의 황(S) 원자 사이에서 형성되는 일종의 공유 결합으로 모발의 물리 · 화학적 성질에 대한 안정성을 높여주는 중요한 결합이 시스틴 결합이다. 모발에만 존재하는 유일한 결합이다.

$$\{-SH\ HS-\} + O\ \{-S-S-\} + H_2O$$

위의 식처럼 그 결합부의 유황원자 S가 존재하므로 이황화 결합(Disulfide bond) 혹은 단순히 SS결합이라고 부른다. 이 시스틴 결합은 매우 견고하며, 간

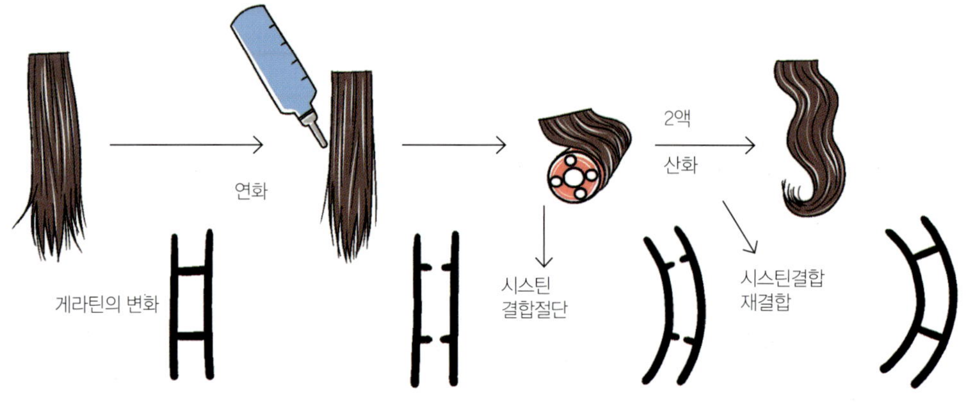



단하게 절단되지 않는다. 그러나 몇 가지 화학적 방법이 양모의 개량이나 인모의 펌 기술 등의 응용과 함께 발견되었다.

고열의 수증기나 알칼리 용액으로 100℃ 가열하면 시스틴 결합은 다음처럼 절단된다.

$$|-S-S-| +H_2O\ |-S-S-|$$
$$H-O$$
$$|$$
$$H$$

그리고 시간이 지나면서 동시에 화학 변화를 일으켜 -SOH의 부분에서 $H_2S$(유화수소)가 발생하여 복잡한 화학 변화가 일어나 란틴오닌 결합 등의 새로운 결합이 생겨 원래의 시스틴 결합으로 재현되지 않는다. 이런 별도의 결합으로 모발의 손상을 초래한다.

$$|-S-|\ \text{란틴오닌 결합}$$
$$HN-|$$
$$|-S\ /\ \text{(별도의 곁 사슬 결합)}$$

모발의 환원 반응이라는 것은 S-S결합을 절단하여 SH기를 생성하는 반응으로 연화라고 하며, 파마의 기본구조이다. 모발 시스틴 결합에 수소(H)를 주는 것이 환원이고, SH기에 산소(O)가 발생하여 교환 반응하는 것이 산화이다.

환원이란 것은 화학 용어에서 상대방에 수소를 주어 반응을 일으키는 것이다. 이에 반해 상대에게 수소를 빼앗는 것, 혹은 산소를 주는 반응을 산화라고 한다. 시스틴 결합은 시스테인이 산화되어 만들어지는 것에서 역으로 환원하고, 또 시스테인으로 돌아오지 않고 절단되는 것이다.

한편 펩티드 결합은 주쇄의 결합 방식으로 그 수는 적지만 가장 강한 결합으로 이미용실 기술 범위에서는 단절할 수 없지만 모발 구성 결합으로 알아둘 필요가 있다. 참고로 모발이 녹아내렸다는 것은 펩티드 결합까지 끊어졌다는 뜻이므로 미용 시술 때 주의해야 한다.

**측쇄 결합의 절단, 결합과 헤어 디자인의 관계**

| 구분 | 절단 | 결합 | 헤어 디자인과의 관계 |
|---|---|---|---|
| 수소 결합 | 수분을 충분히 주어 텐션을 준다. | 건조시켜 제거시킨다. | 물 와인딩, 드라이어를 이용한 각종 세팅 |
| 염 결합 | pH 4 이하의 산성 또는 pH 6 이상의 알칼리에 적신다. | pH 4~6 등전대에 가깝게 산 린스 등을 한다. | 퍼머넌트 웨이브, 축모 교정, 염색 |
| 시스틴 결합 | 치오글리콜산 시스테인으로 환원 | 과산화수소, 취소산나트륨 등으로 산화 | 퍼머넌트 웨이브, 축모 교정 |

모발에는 약 5% 정도의 결합하지 못한 S와 H가 남아 환원시 부족한 H를 응원하고 산화시 부족한 산소($O_2$)를 응원하여 균형을 유지하는 SH를 디설피드(Disulfide bond) 결합이라 한다.

SH기는 모발내 부족한 부분에 반응하고 화학반응에 촉매 역할을 하는 중요한 결합이다. 시스틴 결합은 물리적으로는 견고하지만 화학반응에는 쉽게 절단·재결합하는 결합이다.

시스틴 결합은 유황을 함유한 모발의 특징을 나타내는 범을 형성할 수 있는 득유의 단백질로 다른 섬유에서 볼 수 없는 측쇄 결합으로 모발 케라틴의 특징을 나타내는 결합이다. 이 결합이 파괴되면 섬유가 약해져 탄력성이 없어진다.

# 시스테인과 시스틴
# (Cysteine and Cystine)

모발의 90% 이상을 차지하는 물질이 단백질이다. 단백질은 가수분해하면 18종의 아미노산으로 분류된다. 모발의 18종 아미노산 중 제일 많은 양을 차지하는 아미노산이 시스테인(Cystine)이다.

시스테인은 모발과 손·발톱·머리카락의 주요 케라틴이라는 단백질을 구성하는 재료이며, 간에서 알콜 약물 등의 해독작용에 관여하는 단백질 글루타치온(Glutathion)의 구성 요소이기도 하다.

콜라겐의 구성 성분이며, 머리카락의 탄력을 유지시켜 준다.

단백질 중에서 케라틴으로 분류되는 구성 요소 중 가장 중요한 물질이 시스테인이다. 모발 내에서도 시스테인 함량이 많은 부분이 에피·엑소·엑도 큐티클 순서이며, 모피질 안에서도 시스테인을 많이 함유한 부분이 소수성인 파라콜텍스로 분류된다.

이렇게 모발의 성질을 결정하는 가장 중요한 물질이 시스테인이다. 시스테인 함량에 따라서 모발의 탄성이 결정된다.

인체 내에 20여개의 아미노산 중 유일하게 티올기(-SH)를 포함하고 있다.

티올기는 시스테인이 산화되어 시스틴을 형성할 때 산화·환원 반응을 겪는다.

시스틴은 두 개의 시스테인이 황결합을 통해 결합한 것을 말한다. 시스틴의 환원은 두 개의 시스테인을 형성한다.

시스틴의 황결합은 많은 단백질 구조를 결정하는 중요한 물질이다. 시스테인은 산화ㆍ환원 반응에 관여하고 우리 신체 내에서 효소의 촉매작용을 돕는다.

시스틴은 그리스어로 'Kustis(방광)'에서 유래됐다. 이는 시스틴이 요로결석에서 최초로 분리되었고, 그 다음에 시스테인으로 분리되었다고 한다.

시스테인은 분자 구조에 황(S)을 함유한 아미노산이다. 시스테인은 두 분자가 결합하여 시스틴(Systine) 한 분자를 구성하며 이 시스틴은 환원되면 두 개의 시스테인을 형성한다.

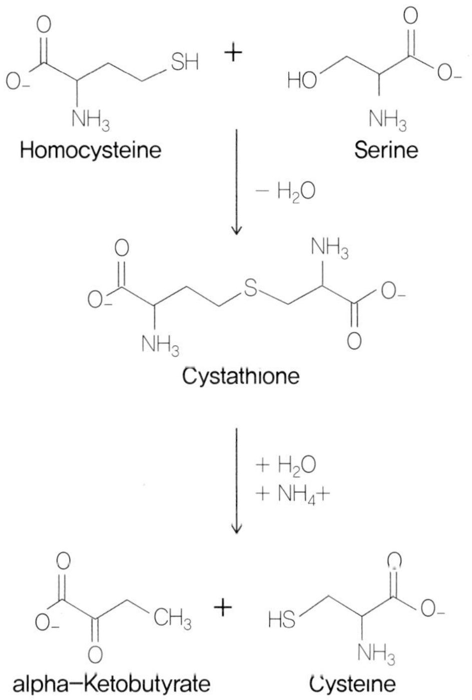

# 친수성 · 소수성
## (Hydrophilic · Hydrophobic)

단백질은 물과 친한 친수성(親水性)과 물을 싫어하는 소수성(疏水性)으로 나뉜다.

친수성(Hydrophilic)이란 물질의 표면에 넓게 퍼져 최대의 접촉각을 가지고 물분자와 쉽게 결합하는 성질을 친수성이라고 한다.

소수성(Hydrophobic)이란 물에 반발하여 물과 잘 섞이지 않는 성질을 말한다. 친수성과 소수성의 재료는 표면 물방울의 접촉각에 의해 결정된다.

모발의 대부분을 차지하는 물질이 단백질이다. 단백질은 큐티클과 모표피·모수질로 나뉘면서 시스테인을 함유한 단백질은 케라틴으로 분류되고, 함량이 많아질수록 소수성으로 변하고, 시스테인 함량이 적은 부분은 점성을 갖는 연단백질로 남으면서 친수성을 갖는다.

큐티클 중에서도 최외곽층 에피 큐티클은 최대 소수성의 성질을 갖고, 가장 안쪽에 자리하는 엔도 큐티클은 상대적으로 친수성의 성질을 가져 수분 통로 역할을 한다. 엔도 큐티클은 자기 부피만큼 물을 흡수하여 모발 전체 큐티클을 부풀려 수분 침투 공간을 제공하는 역할을 담당한다.

모피질 역시 친수와 소수 부분으로 나뉘며 올토(친수성, Ortho) 콜텍스와 파라(소수성, Para) 콜텍스로 구별된다. 올토 콜텍스는 비결정성 케라틴으로 친수성이며 매트릭스 영역이다.

파라 콜텍스는 결정성 케라틴으로 소수성을 갖고, 시스테인을 다량 함유하고, 피질 세포에 탄성을 갖는 미크로 피브릴 영역이다.

모발의 친수성 부분에는 NMF라는 생체 활성수가 자리하여 모발에 윤기와 부드러운 점성의 역할을 담당한다.

시스테인 함량에 따라 친수성과 소수성이 구별되고 모발의 가장 안정적인 등전점을 유지하기 위해 모발은 결합을 지속적으로 진행한다.

# NMF
# (Natural Moisturizing Factor,
# 결합수)

모발을 구성하는 전체 단백질 중에서 10~15% 정도는 결합수라 칭하는 수분이다. 생체 활성수라 부르며 별도의 수분이 존재하는 것이 아니고 수분의 역할을 하는 아미노산이 존재한다.

모발 수분 중에는 결합수, 흡착수, 침투수, 자유수 등이 있다. 모발 내 수분이 하는 역할은 윤기, 부드러움, 점성, 수소 결합, 소수 결합 등 중요한 역할을 담당한다.

수분의 역할을 하는 아미노산 등이 결합하여 친수성의 성질을 갖는다. 모발은 크게 3가지 밸런스를 유지한다. 첫째 수분 밸런스, 둘째 pH 밸런스, 셋째 케라틴 밸런스 등이다. 모발 손상이 진행되면 제일 먼저 수분 밸런스가 무너지고 pH 밸런스, 케라틴 밸런스가 무너지면 모발은 극손상으로 진행된다.

모발의 건조성은 간충물질 안에 있는 NMF와 관련이 있다.

NMF는 외부 건조 시 수분 증발을 막아 모발 속 수분을 일정하게 유지시킨다.

수분을 쉽게 흡수하며 물에 쉽게 녹아 계속적인 샴푸로도 서서히 잃는다.

수분 케어 제품이나 트리트먼트로 천연보습인자(NMF)의 손실을 막아줘야 한다.

결합수(NMF)는 0℃ 이하에서 얼지 않고 끓는 점 또한 높다. 대기 중에 잘 증발되지 않고 조직내에서 세포를 둘러싸고 있는 수분이다. 단백질이나 수소 결합 등으로 단단하게 묶여 있는 수분이다.

흡착수, 침투수, 자유수는 모발내 일정 물질과 연결된 수분으로 모발 자체 수분 조절이 가능한 수분으로 언제든지 흡착하고 발수되는 수분이다. 결합수는 모발내 수분을 일정하게 유지하는 작용을 한다. 피부 건조 방지 역할도 담당한다.

모발 내 수분이 침투하면 일차적으로 친수기·소수기가 작용하여 수분 조절을 진행하고, 결합수가 수분을 일정하게 배출·흡수하여 안정된 수분 조절을 한다. 더 흡수된 수분은 CMC가 일정한 수분 조절을 담당한다.

건강 모발은 수분이 잘 마르고 손상 모발은 수분이 잘 마르지 않는 이유는 CMC의 손상과 여러 가지 원인에 의한 수분 조절 능력을 상실한 탓이다. 염색 후 모발이 건조해지는 이유는 모발에 잔류하는 염색1제 알칼리와 염색2제 과산화수소가 지속적인 열을 발생하기 때문이다. 이를 모발의 활성산소라고 한다.

# pH
# (수소이온농도지수)

pH는 'The power of hydrogen Ions'의 약자로 수소이온농도지수(액체의 수소이온 농도지수를 나타내는 기호)이다.

1~14까지 표시하며 정중앙에 7이 자리한다. 1~7 미만은 산성으로 표기하고, 8~14는 알칼리(염기성)로 분류하며, 7($H_2O$)은 중성으로 명명한다.

중성인 7($H_2O$)보다 수소(H+) 이온이 수산화이온보다 많은 물질을 산성으로 분류하고, 중성인 7($H_2O$)보다 수산화이온(OH-)이 수소이온보다 많은 물질을 알칼리로 분류한다.

산성은 수소(H+) 이온을 내는 물질로 모발을 오그라들게 한다.

기본적으로 알칼리에 대하여 수소(H+) 이온을 잘 준다는 뜻으로 신맛을 가지며, 알칼리로 중화시키는 성질을 보인다. 산성 린스는 모발에 윤기를 주고 모발을 건강하게 하며 손질하기 쉽게 해준다.

중성은 산성도 알칼리(염기성)도 아닌 그 중간적 성질 $H_2O$(물)이다.

양의 전기 (+)도, 음의 전기 (-)도 아닌 중간적 성질을 띠고 있다.

여기서 이온이란 원자나 분자 등의 미립자에 (+) 또는 (-)의 전기적 성질을 띠는 것이다. 원자는 중심에 (+)의 전기를 띠는 핵이 있으며, 그 주위에 (-)의 전기를 띠는 전자가 있다. 이 수가 같아 전체적으로 (+)도 (-)도 아니고 전기적으로는 중성의 미립자이다.

염기성(알칼리)은 수용액에서 수산화이온(OH-)을 내거나 수소이온(H+)을 흡수하는 성질의 물질이다. 쓴맛이 나며 단백질을 녹이는 성질 때문에 미끈거린다. 모발을 부풀려 건조하게 보이며 손질하기 나쁘다.

산성 물질(산)은 물 중에 전리하여 H+를 생성하는 것이다.

알칼리성 물질(염)은 물 중에 전리하여 OH-를 생성하는 물질이다.

산성과 알칼리성은 물에 녹아 있는(수용액) 가운데 H+와 OH-의 비율로 결정된다. 순수한 물($H_2O$)은 그 가운데 1/1000만의 수소이온(H+)과 1/1000만의 수산화이온(OH-)을 가지고 있다.

H+와 OH-의 수가 완전히 같은 경우를 pH 7이라 하며 물($H_2O$)이다. 순수한 물($H_2O$) 중에 무엇인가 다른 물질이 용해되어 H+가 증가하면 이 물은 산성이 되고, 반대로 OH-가 증가하면 알칼리성으로 변한다.

pH가 1 정도 낮아지면 수소이온(H+) 농도는 10배 짙어진다. pH가 1 정도 높아지면 수산화이온(OH-) 농도는 10배 짙어진다.

pH 6은 pH 7보다 산성이 10배이며 pH 5는 10×10, 즉 7보다 100배 강한 산이다. 또한 pH 8은 pH 7보다 알칼리성이 10배이다.

예컨대 pH 8 펌제와 pH 10 펌제를 혼합하면 pH 9가 되지 않는다. pH는 ± 가 아니고, 두 가지 물질을 혼합할 때 H+가 증가하는지 OH-가 증가하는지에 따라 결정된다.

위 두 가지 펌제를 혼합하면 정확한 pH는 어떻게 변하는지 모른다. 실제 어떤 알칼리성 물질을 사용하였는지에 따라서 두 펌제가 혼합할 때 pH는 많은 변화를 보인다.

그렇다면 모발의 pH는 어떨까? 모발 자체 내에는 pH가 없지만 두피 표면에는 피지막이 존재하고, 이 피지 자체는 수분을 함유하고 있어 모발과 두피에 pH가 측정된다. 정확하게 pH 4.5~5.5의 모발의 pH를 피지의 pH라고 보면 된다.

모발의 경우 주성분인 케라틴은 18종의 아미노산이 폴리펩티드 결합에 의한 결합으로 모발 자체는 물에 용해되지 않는다. 하지만 케라틴을 구성하는 각각의 아미노산은 물에 용해되어 그 수용액은 고유의 pH를 갖고 있다.

산성의 성질을 갖는 아미노산을 COOH(카르복시기), 알칼리성을 갖는 아미노산을 $NH_2$(염기성)로 표시된다. 이들은 전리도가 매우 작지만 물 중에서 이온으로 변한다. 모발은 산성의 성질을 갖는 COOH의 비중이 커 모발의 케라틴은 pH 4.5~5.5 약산성으로 표시된다.


## pH의 완충 작용

pH에 관해 이해할 것으로 완충작용이란 까다로운 문제가 있다. 산과 알칼리의 농도가 상당히 짙어도 그 물질의 전리도가 작으면 pH는 높거나(산의 경우) 혹은 낮게(알칼리의 경우) 나타난다.

또 산과 알칼리가 함께 어떤 종류의 염(약산과 약알칼리가 화합해 만들어진 염)이 공존할 경우 그 산 혹은 알칼리의 전리를 억제한다는 사실이 있다.

예컨대 이 물 중의 초산암모니아(초산과 암모니아)를 용해시키면 암모니아수 1% 정도를 더해도 pH는 9 정도밖에 되지 않는다. 그리고 1% 암모니아수를 추가해도 pH는 9.4이다. 이처럼 어떤 용액에 알칼리(산)을 더해도 pH는 그다지 변화하지 않는 액을 완충액(버피 솔루션)이라고 하며, 이런 작용을 하는 물질(이 경우 초산 암모니아)을 완충제라고 부른다.

물이나 완충작용이 없는 물질이 용해되어 있는 용액의 경우 아주 작은 산, 알칼리가 용해돼도 예민하게 변한다. 그러므로 물은 pH 7이라고 말해도 증류수를 방치하는 것만으로 공기 중의 탄산가스가 용해되어 약산화해 탄산이 되므로 pH는 6.5~6.8로 되는 경우도 있다.

역으로 완충제가 들어 있는 액에 알칼리가 웬만큼 들어가도 pH는 7.6 정도밖에 되지 않는다. 따라서 pH가 낮다고 해도 알칼리 분이 적다고 한정하지 않는다. 콜드 액은 치오글리콜산이라는 물질(pH 6.8)이 들어 있다. 이것이 완충작용을 가지고 있어 알칼리 분을 상당히 많이 넣어도 pH는 그만큼 높아지지 않으며, 샴푸 액은 물과 같아서 조금의 산·알칼리로도 pH는 금방 변한다.

# 알칼리도(Alkalinity)와
# 산성도(Acidity)

염기도(Alkalinity, 알칼리도)와 산성도(Acidity)의 척도로서 전자계측기로 측정힌 매개 칙도인 농도치이다. 다시 말해 $H^+ = 1 \times 10^{-7}$이며 지수(억시수)의 깂이 0에 가까워지면 용액은 점차 산성화되고, 14에 접근하면 용액은 점점 염기 또는 알칼리화된다.

알칼리도는 강산성을 띠는 물질을 중화하는 물의 능력에 대한 척도이다. 물 속에 녹아 있는 알칼리성 물질의 척도이다. 수소이온(H+)을 중화시킬 수 있는 물의 능력이다.

높은 수치의 알칼리도는 기본적으로 파워가 강하다는 것은 맞지만 어떤 알칼리를 사용했는지에 따라 달라질 수 있다.

같은 pH 10이더라도 어떤 알칼리를 사용했는지에 따라 알칼리도는 다를 수 있다. 사람 키가 pH라면 몸무게가 알칼리도가 될 수 있다. 키가 커도 몸무게가 적은 사람이 있고, 키가 작아도 몸무게가 많이 나가는 사람이 있다. 그것이 알칼리도의 비유법이다.

산성노(Acidity)는 용액의 산성 상노를 나타내는 지꾰도 불속에 녹아 있는 산성 물질의 척도이다. 수산화이온(OH-)를 중화시킬 수 있는 물의 능력이다.

# 등전점
# (Isoelectric point)

단백질을 구성하는 아미노산은 pH에 따라 산과 알칼리로 이온화가 가능한 물질이다. 따라서 아미노산의 결합체인 단백질로 pH에 따라 자기 고유의 전하를 띤다.

단백질의 그 고유분자가 가지고 있는 현재의 전하가 0이 되는 pH를 그 단백질의 등전점이라 한다.

아미노산은 전기적으로 (+)와 (-)의 두 가지 성질을 띠고 있다. 모발을 용액에 담갔을 경우 그 용액의 (+) 이온과 (-) 이온의 밸런스가 일치했을 때 비로소 용액의 pH를 모발의 등전점이라고 한다.

모발의 pH는 4.5~5.5 정도가 등전점으로 이 수치의 범위에서 측쇄의 염 결합이 가장 안정적이다. 그래서 모발은 pH 4 이하, pH 5.5 이상의 용액에 의해 약해지기 쉽다.

모발을 건강하고 아름답게 유지하려면 언제나 등전점의 상태로 하는 것이 중요하지만 부지런하지 않으면 자칫 무관심하기 쉽다. 열펌이나 염색을 시술하면 모발의 pH는 알칼리성(-)에 가깝게 진행한다. 그러므로 산성 린스 등으로 모발을 약산성(등전점)으로 되돌려 모발에 무리함을 덜어줄 필요가 있다.

아미노산의 산성인 카복시기($COOH$)와 알칼리성인 아미노기($NH_2$)는 전리도가 매우 작지만 물 중에서 다음처럼 이온화한다.

$$
\begin{array}{ccc}
NH_2 & NH_3 & OH^- \\
| & | & \\
O \longrightarrow O & & \\
| & +H_2O & | \\
COOH & COO^- & H^+
\end{array}
$$

위의 식에서 H+와 OH-가 서로 같아 pH 7인 중성으로 생각되지만 -NH$_2$기와 -COOH기의 전리도가 달라 pH는 전리도가 큰 쪽의 영향력으로 기울어진다.

그러므로 아미노산은 각자 고유의 pH를 가지는데 이 pH를 그 아미노산의 등전점이라고 한다.

예컨대, 산성 아미노산의 등전점은 아스파르트산과 글루탐산이 카복시기가 2개 있어 pH 2.8과 3.2이다. 염기성 아미노산의 등전점은 각각 아미노기가 2개 있어 염기성 아미노산 히스티딘 pH 7.6, 리신 pH 9.7, 아르기닌 pH 10.8이다.

전하(Electric charge, 정전기)는 물질의 기본적인 성질로 분연속적인 자연의 단위로 발생하며 생성과 소멸되지 않는다. 전하에는 양성과 음성의 두 가지 형태가 있다. 전자는 음전하를, 양성자는 양전하를 띠고 있다. 중성자는 0의 전하를 띤다. 등전점일 때 전기적으로 중성이라고 볼 수도 있다.

그 고유의 아미노산이 가장 안정적인 상태는 등전점으로 봐도 된다. 수용액 중에서 양이온의 농도와 음이온의 농도가 같아지는 상태이다.

산성기 COOH+와 염기성기 NH$_2$-가 어떤 비율로 평형을 유지한 상태를 등전점이라고 한다.

이들 고유의 pH를 가진 아미노산이 서로 결합해 만들어진 개리틴의 등전점은 어떨까?

아미노산의 결합은 -COOH와 -NH$_2$가 합쳐 -COOH-NH-라는 펩티드 결합을 만든다. 폴리펩티드가 수분과 만나면 양끝의 $-NH_2$와 $-COOH$, 곁사슬의 $-COOH$와 $NH_2$는 약간 전리하면서 부분적으로 이온화한다.

결국 실제로 아미노산이 차지하는 비율이 많아 케라틴은 pH 4.5~5.5의 약산성으로 표시된다. 이 pH를 케라틴의 등전점이라고 한다. 이것은 아미노산의 성분 비율에 차이가 있어 등전대(等電帶)라고 한다.

등전점은 주피터 이온형(Zwitter ionic)의 아미노산 농도가 최대가 되는 pH이다. 등전점 이하의 pH에서 우세한 화학종은 양이온이며, 등전점보다 높은 pH에서는 음이온이 지배적이다. 등전점에서 아미노산은 전하를 띠지 않는다. 즉 아미노산 또는 단백질이 전기적으로 중성이 되며, 전자에서 이동하지 않을 때의 pH다.

양전하와 음전하를 이루고 있는 아미노산 용액의 pH를 말하며, 실제 전하가 0이고 전기장에서 어느 극으로 이동하지 않는다. 모발을 구성하는 아미노산은 전기적으로 (+)와 (-)의 양쪽 성질을 갖고 있으며, 알칼리성 용액에서는 (-)이온으로, 산성 용액에서는 (+)이온으로 존재한다.

또한 용액이 중성이면 (+)(-)이온이 똑같이 존재하는 상태가 된다. 이를 등전점이라고 하며 pH로서 용액을 표시한다.

양쪽성 전해질이나 콜로이드 입자 등의 전하의 대수합이 0이 될 때의 상태를 용액의 수소이온지수 pH로 나타낸 것이다. 즉 아미노산ㆍ단백질ㆍ핵산 등 양쪽성 전해질에서 분자의 전하는 용매의 pH에 의해서 가장 뚜렷하게 변화한다.

따라서 이들 용액의 전기이동현상에서 용질 입자 또는 분자의 이동도는 pH와 관계 있으며, 적당한 pH에서 이동도가 0이 된다. 이때의 pH를 양쪽성 전해질의 등전점이라고 한다.

# 양이온(+이온, Cation)과
# 음이온(-이온, Anion)

모발의 양이온과 음이온을 알려면 우선 원자, 원자핵, 전자, 이온이란 화학 용어를 제대로 파악해야 한다. 결국 모발의 생태를 제대로 알아 얼펌에 이용하려면 우리가 저학년 때부터 배운 기초과학 상식 또한 무시할 수 없다는 결론에 이른다.

원자(Atom)는 물질을 구성하는 가장 작은 알갱이로 그 안에 원자핵과 전자가 있다. 원자핵(Atomic Nucleus)은 (+) 성질을 띠는 알갱이(양전하)로 원자의 중심에 위치하며 원자 질량의 대부분을 차지한다.

전자(Electron)는 (-) 성질을 띤 알갱이(음전하)로 원자 내부에서 양성자와 중성자로 구성된 원자핵의 주위에 분포한다.

이온(Ion)은 원자에서 (-) 성질을 띤 전자를 잃거나 얻으면 생긴다. 전자를 잃으면 (+)이온, 전자를 얻으면 (-)이온이다. 즉 전자를 잃거나 얻어서 전기를 띤 원자 또는 원자단이다.

양전하를 띤 이온을 양이온, 음전하를 띤 이온을 음이온이라고 한다. 중성인 분자가 전자를 잃거나 얻는 것을 이온화(전리)한다고 한다. 이처럼 생성된 이온의 전하량은 잃거나 얻은 전자의 개수에 잃으면 (+), 얻으면 (-)로 나타낸다.

지구상의 모든 물질은 양이온과 음이온의 전기를 띠고 있다. 사람도 '인체

전기'라고 미세한 전기를 띠고 있다. 이 인체 전기는 체내에서 무수한 움직임으로 정교한 생체 리듬을 지배하여 그 에너지에 의해 생명을 영위한다. 결국 인체의 양이온과 음이온의 균형이 깨어지면 건강을 잃는다.

이온이라는 단어에는 특별한 효과가 있는 것처럼 생각하고 신비로움을 느끼는 경우가 많다. 이온의 정의는 원자나 분자의 미립자에 (+) 또는 (-)의 전기적 성질을 띠는 것을 말한다.

양이온(+이온, Cation)과 음이온(-이온, Anion)이 있다. +이온과 -이온은 자석의 N극과 S극처럼 서로 잡아당기는 성질을 가진다.

모발을 구성하는 아미노산은 산성·중성·염기성의 성질을 가지는데, 다른 아미노산보다 산성 아미노산 비율이 약간 많으므로 약산성의 성질이 있다.

모발은 (+)이온과 (-)이온의 균형을 이룬 상태로 이것을 등전점이라고 한다. 이는 pH 4.5~5.5로 건강한 모발이다.

염기성(알칼리)은 수산화이온(OH-)이 많은 상태로 모발이 물에 젖으면 -이온에 대전하므로 +이온과 이온적으로 결합하기 쉬워진다. 모발이 약산성의 성질을 가져 펌제나 염색제가 모발에 잘 흡착되는 것은 펌제나 염색제가 알칼리성을 가져 약산성인 모발에 대전하는 탓이다.

(+)이온은 (-)이온에 대전하고 (-)이온은 (+)이온에 대전하여 서로 안정화를 찾으려는 성질을 모발이 가지고 있다. 이것이 이온 결합이다.

모발에 (+)이온 H+를 갖는 아미노산을 COOH라 하고, 모발에 (-)이온 OH-를 갖는 아미노산을 $NH_2$라고 한다.

# 라멜라 구조
## (Lamella Structure)

모발은 비슷한 물질끼리 또는 상반된 물질끼리 안정화를 찾기 위해 끊임없이 결합이 지속된 물질이다. 일명 고분자 화합 물질이다.

단백질을 구성하는 18종의 아미노산 중 산성의 성질을 갖는 아미노산은 COOH를 결합하고, 염기성의 성질을 갖는 아미노산은 $NH_2$로 결합해 간다. 또한 친수기와 소수기로 나뉘어 결합해 아미노산들이 각자의 성질을 유지하여 단백질로 결합하고, 시스테인이란 아미노산 함량에 따라 큐티클과 모표피·모수질 등 세포 분열로 자기 성질을 유지하며 층상구조를 이뤄 모발이 발생한다.

이렇게 모발이 발생하는 과정에서 친수층과 소수층이 규칙적으로 배열하고 염기성과 산성이 교대로 배열하고 있는 구조를 라멜라 구조라고 한다.

특이한 것은 가장 딱딱한 부분이 최외곽층에 자리하며 부드럽고 수분층이 많은 것은 안쪽에 자리하는 특징이 모발의 발생 과정이다.

친수층은 수분을 보유하고 소수층은 물의 이동을 억제하여 피부와 모발 내에 보습력을 유지하고, 물 이외의 물질 이동을 조절하여 각자 층간의 고정력과 전체적인 구조를 튼튼하게 단백질에 유수분이 가장 적합한 비율로 벽돌 쌓아 놓은 듯한 층상구조를 하고 있는 것이 모발의 라멜라 구조이다.

라멜라 구조는 외부로부터의 자극이나 모발 내부의 과잉된 수분 증발을 막는 기능을 한다. 널빤지 모양의 구조 단위가 일정한 규칙을 따라 집합되어 취하는 구조로 층상구조(層狀構造)의 일종이다.

고분자 사슬의 중첩으로 생긴 널빤지 모양의 결정(라멜라)이 중심에서 일정 주기로 비틀거리면서 반지름 방향으로 성장한 구조를 가지고 있다.

소량의 물을 포함한 인지질(燐脂質)에서는 가장 안정된 구조이다. 인지질은 세포막, 소포체, 미토콘드리아와 신경 섬유를 둘러싸는 수초 등과 같은 생체막의 주된 성분이다.

또한 2분자층막이 겹쳐져 있는 입체구조이기도 하다. 2분자층막은 그 바깥쪽에 극성기(極性基), 안쪽에 지방 사슬을 가지며, 물은 막(膜) 사이에 존재한다.

전자현미경으로 보면 세포 속의 엽록체는 지름이 5~10㎛이고 두께는 2~3㎛인 원형이나 타원형의 구조로 세포막이 외막과 내막의 이중막 구조로 되어 있다. 내막 안쪽에는 틸라코이드가 층을 이루면서 쌓이는 그라나가 있으며, 그 사이의 공간에는 여러 가지 광합성에 필요한 효소들이 포함된 스트로마라는 기질이 있다.

틸라코이드(Thylakoid)는 한 겹으로 된 막의 납작한 주머니이다. 이 주머니들이 차곡차곡 포개져 책갈피처럼 층을 구성하는 것이 그라나이다. 곧 이런 구조를 라멜라 구조라고 한다.

틸라코이드는 엽록체와 남조류 내부의 막 연결 공간으로 광합성의 명반응이 이루어지는 곳이다. '틸라코이드'라는 이름은 '주머니'라는 의미의 그리스어 단어인 'thylakos'에서 유래했다.

틸라코이드는 틸라코이드 내강과 이를 둘러싼 틸라코이드 막으로 구성된다. 엽록체 틸라코이드는 종종 '그라나'(단수형으로는 '그라눔')라고 불리는 층상 구조를 이루며, '인테르그라나'나 '스트로마'에 의해 고정된다.

모발은 18종의 아미노산이 산성의 성질을 갖는 아미노산은 COOH로 결합하고 염기성은 $NH_2$로 결합하여 친수기와 소수기로 나뉜다. 아미노산들이 각자의 성질을 유지하여 단백질로 결합하고 시스테인이란 아미노산 함량에 따라 큐티클, 모피질, 모수질 등으로 세포 분열을 통해 자기 성질을 유지하며 모발이 발생된다.

# 란치오닌(Lanthionine),
# 리시노 알라닌(Lysinolanine)
# 돌연변이 결합

한국인의 모발이 예전에 비교하여 많은 변화가 있다. 모발 숱이 석어진 데나 무척 얇아져 있으며 멜라닌 색소의 변화가 뚜렷이 나타나고 있다.

그 중 가장 심각한 변화는 화학 처리 후 모발에 잔류하는 각종 화학물질의 잔여 물질에 의한 모발의 돌연변이 결합이다. 아직 정식 명칭이 결정되지 않은 두 가지 돌연변이 결합이 있다.

란치오닌(Lanthionine)은 케라틴에 알칼리 처리 때 시스틴의 알칼리 분해에 의해 생성되는 물질이다.

시스테인으로부터 알칼리의 작용으로 생성되는 시스테인과 $\alpha$-아미노아크릴산이 재결합하여 2차적으로 생성된다.

이렇게 시스테인이 잔류 알칼리에 의해 시스틴 결합으로 재현되지 못하고 돌연변이 결합을 이뤄 모발이 얇아지고 건조해지는 현상이 발생한다.

리시노 알라닌(Lysinolanine)은 가열 저리한 모발에 나타나는 보기 느문 열변성 아미노산의 일종이다. 열기구 열에 의한 복합적인 변성 결합이다.

모발의 가열 처리에 따라 단백질의 시스틴, 시스테인 등의 잔기에서 생긴 아미노기의 공격에 의해 생긴 아미노산이다. 가열 처리 후 단백질에 리시노 알라닌이 형성되면 그 분자량만큼 리신이 손실되는 것으로 보고되었다.

아직 정확한 정보가 없어 자세히 설명하기 어렵지만 우리가 극손상이라 표현하는 모발들의 복합적인 돌연변이 결합들이다.

펌과 염색 등 화학 처리 후 잔여 화학 물질을 깨끗하게 제거해야 하는 이유가 여기에 있다. 화학 처리 후 반드시 잔여 알칼리를 제거하여 모발의 등전점을 회복해야 하고 CMC를 보급하여 수분 조절 능력을 회복시켜야 한다.

펌과 염색제 1제보다 더 무서운 물질이 2제 과산화수소와 브롬산이다. 이 두 가지 물질은 열을 발생시키는 물질로 모발에 잔류하면 활성산소로 변하여 열이 계속 발생하여 모발이 심각하게 건조해진다.

열펌이 미용시장에 효자 노릇을 했지만 과열처리에 의한 탄 모발이 많이 발생했다. 적당한 열은 우리 모발에 탄력을 주지만 과열은 심각한 손상을 초래한다.

모발내 알칼리와 과산화수소에 의한 열 발생 원인인 활성산소의 제거에 각별한 주의를 기울여야 한다.

이근태 대표가 열펌의 특성에 대해 진지하게 강의하고 있다.

# Forming beautiful hair design

연화가 쉽다!
그래서 디자인에 집중한다!!

포밍은 2007년 국내 최초로 NO 비닐 캡, NO 열처리
스트레이트 · 컬 · 웨이브를 멀티로 연화되는 컨셉 개발!!!

**시간으로 연화의 기준을 체크하고, 눈으로 확인합니다.**

서울 강남구 신사동 512번지(2층)  T : 02)3443-8594  www.unicohair.com

puorella

로얄케어 스팀 헤어팩

ROYAL CARE
Royal Care Steam Hair Pack
puorella

· 집중 보습
· 고농축 영양
· 손상 케어

※ 모발 · 두피 관리용 헤어팩으로 손상된 모발을 윤기 있고 부드럽게 가꿔 줍니다.

모근이 건강해야
모발이 윤기납니다.

BEAUADD (주)뷰애드 http://www.beauadd.com
BEAUTY TO BE ADDED  Tel 02-3476-6677

JEANNE ARTHES
COTY

수려한 韓方

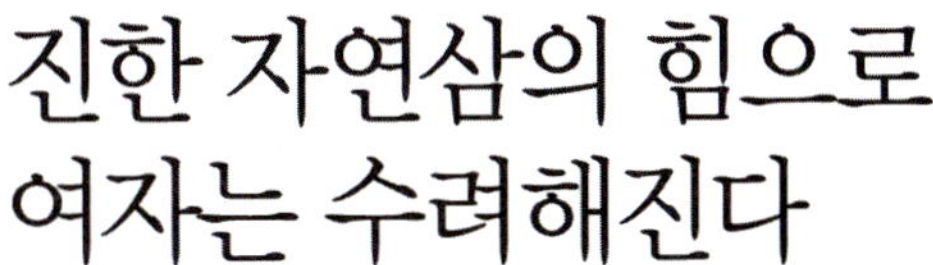

진한 자연삼의 힘으로
여자는 수려해진다

지리산 자연삼을 고농축한
진하고 끈기있는 한 방울의 힘,
애쓰지 않아도 진짜 살아나는
어린 피부를 만들어줍니다
자연스럽게, 우아하고 단아하게
매일 아침 빛나는 윤기 동안 피부를
진생 에센스로 경험해보세요

수려한 진생 에센스

수려
현
진생 에센스

# Sooryehan

초판 1쇄   2016년 7월 30일
초판 4쇄   2022년 10월 1일

지은이    이근태
발행인    박관홍

펴낸곳    도서출판 말벗
출판등록   2007년 11월 2일  제 2011-16호
주소     서울특별시 영등포구 문래로4길 4 현대상가 204호
전화     02-774-5600
팩스     02-720-7500
전자우편   malbut1@naver.com

ISBN 978-89-960407-5-0  13590
값 35,000원


* 잘못된 책은 바꾸어 드립니다.
* 이 책에 나온 내용의 무단 전재와 복사를 금합니다.

「이 도서의 국립중앙도서관 출판시도서목록(CIP)은 서지정보유통지원시스템 홈페이지
(http://seoji.nl.go.kr)와 국가자료공동목록시스템(http://www.nl.go.kr/kolisnet)에서
이용하실 수 있습니다. (CIP제어번호 : CIP2016007224)